Alexander Lüdeke
Typenkompass
Panzer der Wehrmacht
1939 bis 1945

Typenkompass

Alexander Lüdeke

Panzer der Wehrmacht

1939 bis 1945

Motor buch Verlag

Einbandgestaltung Dos Luis Santos

Bildnachweis: Alle Bilder, sofern nicht ausdrücklich andere Quellen angegeben sind, stammen aus dem Deutschen Wehrkundearchiv bzw. dem Archiv Alex Lüdeke.

ISBN 978-3-613-02953-8

1. Auflage 2008

Sie finden uns im Internet unter
www.motorbuch-verlag.de

Lektorat: Joachim Kuch
Innengestaltung: Bernd Peter
Reproduktionen: digi Bild reinhardt, 73037 Göppingen
Druck und Bindung: Kessler Druck und Medien, 86399 Bobingen
Printed in Germany

Inhalt

Sturmgeschütze / Sturmpanzer

Panzerhaubitzen

Flakpanzer

Einführung

Als die Panzerdivisionen in den ersten Jahren des 2. Weltkriegs die Speerspitze für Hitlers Eroberungen bildeten, war die übrige Welt verwundert und entsetzt. Praktisch ganz Kontinentaleuropa und der westliche Teil der UdSSR wurden von den Panzern der Wehrmacht überrollt. Eine neue Art der motorisierten Kriegsführung war geboren. Dies war umso erstaunlicher, als es wenige Jahre zuvor noch gar keine deutschen Panzerdivisionen gegeben hatte.

Die Entstehung der Panzertruppe der Wehrmacht

Während des 1.Weltkrieges war die Entwicklung deutscher Kampfwagen nur nachlässig betrieben worden. So wurden vom einzigen zum Einsatz gekommen deutschen Panzer, dem A7V, nur rund 30 Exemplare gebaut.
Der Vertrag von Versailles verbot dem Deutschen Reich den Besitz von Panzerfahrzeugen. Dennoch wurden ab 1927 diverse, (aus Tarnungsgründen als *Großtraktor* und *Leichttraktor* bezeichnete) Panzerkampfwagen entwickelt und auf geheimen Testgeländen in der UdSSR erprobt. In der Heimat führte die Reichswehr derweil Manöver mit Panzerattrappen aus Blech, Holz und Segeltuch durch, die teils auf handelsübliche Pkw gesetzt wurden, teils aber auch geschoben werden mussten!
Reichswehroffiziere wie Guderian und andere zogen aus dem 1.Weltkrieg ganz andere Lehren als zahlreiche ihrer Kollegen in Frankreich und Großbritannien. Sie waren überzeugt, dass Beweglichkeit und Anpassungsfähigkeit der Schlüssel zum Erfolg seien. Sie studierten daher aufmerksam die Schriften der Briten Liddell-Hart und Fuller, eifriger Verfechter unabhängiger Panzerdivisionen, die in ihrem eigenen Land jedoch kein Gehör fanden. Unter maßgeblicher Beteiligung Guderians wurden so bereits Anfang der 1930er Jahre die Grundsätze der Panzer- Kriegsführung der Reichswehr definiert.

Auch nachdem Hitler am 30. Januar 1933 Reichskanzler geworden war, liefen die Planungen zur Einrichtung eigenständiger Panzerdivisionen, die über eigene, ebenfalls motorisierte Infanterie-, Pionier- sowie Artillerieverbände verfügten und eng mit der Luftwaffe zusammenarbeiten sollten, zunächst im Geheimen weiter. Als Standardfahrzeug dieser Panzerdivisionen plante man einen mittleren, mit einer 3,7-cm-Kampfwagenkanone (KwK) ausgerüsteten Panzer (den späteren PzKpfw. III), der von einem schwereren Kampfwagen mit einer 7,5-cm-KwK unterstützt werden sollte (der spätere PzKpfw. IV). 1934 wurden entsprechende Entwicklungsaufträge an die Industrie vergeben. Um die Zeit bis zur Einführung dieser Modelle zu überbrücken forcierte man den Bau des PzKpfw. I und forderte die rasche Entwicklung eines 10-t-Panzers mit 2-cm-KwK, dem PzKpfw. II. Diese beiden Fahrzeuge sollten als schnell zu Verfügung stehende Zwischenlösung für die Ausbildung eingesetzt werden.

Der Einsatz im 2 Weltkrieg

Als die aggressive Politik Hitlers im September 1939 schließlich zum Überfall auf Polen und damit in den 2. Weltkrieg führte, waren die Panzerdivisionen jedoch noch weit von ihrer geplanten Ausstattung entfernt. Die überwiegende Mehrzahl der Fahrzeuge war vom Typ PzKpfw. I und II, nur eine Handvoll PzKpfw. III und IV waren vorhanden. Hätten der Wehrmacht durch die Besetzung der Tschechoslowakei im März 1939 nicht Hunderte Panzer der Typen 35 (t) und einige 38 (t) zur Verfügung gestanden, wäre die Ausstattung der Panzerdivisionen noch unzureichender gewesen.
Auch die Mehrzahl der nach Frankreich vordingenden Panzerverbände bestand noch immer aus PzKpfw. II und tschechischen Typen. Bereits zu diesem Zeitpunkt wurden zwei grundlegende Schwächen der PzKpfw. III und IV deutlich: eine nicht ausreichende Pan-

zerung sowie mangelnde Feuerkraft gegenüber schwer gepanzerten Gegnern. Noch profitierte die Wehrmacht von ihrer überlegenen Taktik und dem Konzept der selbständig operierenden, eng mit der Luftwaffe zusammenarbeitenden Panzerdivisionen, die schnelle, tiefe Vorstöße in das Hinterland des Gegners durchführten.
Großen Anteil an der Überlegenheit der Panzertruppe zu jenem Zeitpunkt hatte neben der Ausrüstung mit Funkgeräten auch die Ausbildung der Besatzungen sowie die interne Auslegung der Fahrzeuge mit einer fünf Mann starken Besatzung. Auf diese Art konnte sich der Kommandant, anders als in den Ein-Mann-Türmen französischer Bauart, voll und ganz auf die Führung des Panzers konzentrieren.
Als regelrechter Schock für die Panzertruppe entpuppte sich jedoch die Konfrontation mit den Typen T-34 und KW-1 beim Überfall auf die UdSSR. Diese neuen Panzer deklassierten die PzKpfw. III und IV völlig.
Die sich verschlechternde Kriegslage führte ab 1942/43 zu immer mehr Zwischenlösungen und zahlreichen improvisierten Selbstfahrlafetten. Zudem wurden zwar potentiell leistungsstarke, aber überhastet entwickelte, nicht wirklich frontreife Panzer in den Kampf geworfen. Typen wie *Tiger* und *Panther* setzten Maßstäbe im Panzerbau, litten aber unter etlichen anfänglichen Kinderkrankheiten. An bereits in Produktion befindlichen Fahrzeugen wie den PzKpfw III und IV wurden fortlaufend Verbesserungen und Kampfwertsteigerungen , z.B. die Ausrüstung mit immer leistungsstärkeren Kanonen sowie stärkeren Panzerungen, vorgenommen. Obwohl die Panzertruppe bis zuletzt immer wieder bewies, dass sie in der Lage war Siege zu erringen, fehlte es ihr ab 1943 doch an den notwendigen Ressourcen, um sich einer erdrückenden Materialüberlegenheit mit Erfolg entgegen stellen zu können.
Ein Vergleich der Produktionsziffern alliierter und deutscher Panzer spricht Bände. Vom PzKpfw. IV wurden bis 1945 rund 8500, vom PzKpfw. V, dem *Panther,* etwa 6000 Stück gebaut. Dagegen entstanden sowohl vom M4 *Sherman* als auch vom T-34 jeweils rund 50 000 Exemplare.

Panzerbau im Dritten Reich

In der Regel vergab das Heereswaffenamt Aufträge zur Entwicklung eines Panzerfahrzeuges an mehrere Firmen, welche dann konkurrierende Entwürfe vorlegten. Auf der Grundlage dieser Entwürfe wurden meist zwei Firmen mit dem Bau von Prototypen beauftragt, die ausführlichen Tests unterzogen wurden. Allgemein wurden die Entwurfsarbeiten zumeist bei größeren Firmen wie Daimler-Benz, MAN, Krupp, Rheinmetall oder Henschel durchgeführt. Später kamen auch Alkett (Altmärkische Kettenfabrik) und Porsche hinzu.
Da diese meist nicht in der Lage waren, den Bedarf an Fahrzeugen zu decken, wurden zahlreiche andere, auch kleinere Firmen in die Produktion mit einbezogen, so dass sich oft ein recht verworrenes Bild ergibt.
Die Industrie produzierte zwischen 1933 und 1945 zahlreiche unterschiedliche Ausführungen der in Serie produzierten Panzer sowie eine große Menge technisch oftmals überaus interessanter Prototypen und Versuchsmodelle, deren Gesamtdarstellung jedoch den Rahmen dieses Bandes sprengen würde.
Schon die fundierte Darstellung sämtlicher von der Wehrmacht genutzter Vollkettenkampffahrzeuge ist an dieser Stelle kaum möglich, für Unterstützungs-, gepanzerte Rad- und Halbkettenfahrzeuge sei daher auf einen weiteren Band dieser Reihe verwiesen.
Gleiches gilt für die von der Wehmacht eingesetzten Beutepanzer. Aufgrund der eigenen desolaten Ausrüstungslage wurden praktisch sämtliche während des Krieges in deutsche Hände gefallene verwendungs- oder reparaturfähigen Panzerfahrzeuge von der Wehrmacht in der ein oder anderen Form genutzt. Dies gilt besonders für die im Westfeldzug erbeuteten Panzer, da man Zugriff auf deren Herstellungs-

werke besaß. Dabei fällt besonders das sogenannte Baukommando Becker ins Auge. In Zusammenarbeit mit dem Heereswaffenamt (Außenstelle Paris) sowie der Altmärkischen Kettenfabrik (Alkett) schuf diese Einheit unter Leitung des Maschinenbauingenieurs Hauptmann Becker eine Vielzahl an Umbauten auf Basis französischer Beutefahrzeuge.
Doch wie bereits gesagt, eine Gesamtdarstellung dieses Themas würde an dieser Stelle zu weit führen.
Dennoch denke ich, dass dieser Band aus der Reihe Typenkompass einen guten ersten Überblick über die zwischen 1933 und 1945 eingesetzten Vollketten-Panzerfahrzeuge der Wehrmacht ermöglicht.

Dortmund, im Sommer 2008
Alexander Lüdeke

Glossar/Abkürzungen	
Ausf.	Ausführung
FH	Feldhaubitze
Flak	Flugabwehrkanone
FuG	Funkgerät
IG	Infanteriegeschütz
KwK	Kampfwagenkanone
leFH	leichte Feldhaubitze
leIG	leichtes Infanteriegeschütz
MG	Maschinengewehr
Pak	Panzerabwehrkanone
PzBefWg.	Panzerbefehlswagen
PzKpfw.	Panzerkampfwagen
Sd.Kfz.	Sonder-Kraftfahrzeug
sFH	schwere Feldhaubitze
sIG	schweres Infanteriegschütz
SPW	Schützenpanzerwagen
StuG	Sturmgerschütz
StuK	Sturmkanone
StuH	Sturmhaubitze
VK	Versuchskonstruktion
Sf	Selbstfahrlafette
Abt.	Abteilung
Div.	Divison
Pz.	Panzer
Kp.	Kompanie
Rgt.	Regiment
Pz.Jg.	Panzerjagd/Panzerjäger

Eine kaum überschaubare Vielzahl gepanzerter Fahrzeuge der Wehrmacht auf einem Sammelplatz für Beute-Kfz der US Armee nahe Isigny-sur-Mer in Nordfrankreich, Spätsommer 1944.
(NARA, via Conseil Régional de Basse-Normandie)

Infanterieschlepper UE 630 (f)

Typ:	gepanzerter Infanterie- und Munitionsschlepper
Hersteller:	Renault
Gefechtsgew.:	3300 kg
Länge:	2940 mm
Breite:	1750 mm
Höhe:	1240 mm (Oberkante Wanne)
Motor:	Renault 85, 4-Zylinder-Benzinmotor
Hubraum:	2120 ccm
Leistung kw/PS:	30/38
Leistungsgew.:	11,5 PS/t
Höchstgeschw.:	33,5 km/h (Straße)
Kraftstoffvorrat:	56 l
Fahrbereich:	125 km (Straße) 60 km (Gelände)
Besatzung:	2
Bewaffnung:	siehe Varianten
Panzerung:	9 mm
Furttiefe:	0,4 m

Der Renault UE war ursprünglich ein gepanzertes Nachschubfahrzeug der französischen Armee. Der Motor befand sich zwischen Fahrer und Beifahrer, hinten war eine kippbare Ladebrücke angebracht, so dass ohne Verlassen des Fahrzeugs die Ladung gelöscht werden konnte. Zusätzlich hatte Renault noch einen gepanzerten Kettenanhänger entwickelt. Die Wehrmacht erbeutete im Juni 1940 rund 1200 dieser Fahrzeuge und setzte sie als Versorgungs- und Zugfahrzeuge ein, z.B. für die 3,7-cm-Pak. Auf Basis des UE-Schleppers entstanden auch Selbstfahrlafetten und Waffenträger. So wurde bei rund 700 Fahrzeugen die 3,7-cm-Pak 36 mit Schild auf die Wanne montiert. Für Sicherungsaufgaben entstanden zahlreiche, oft improvisierte Umbauten, zudem baute das Baukommando Becker in Frankreich 40 Infanterieschlepper zu kleinen Funk- und Beobachtungspanzern um. 1944 wurden die noch in Frankreich vorhandenen UE-Schlepper mit Rahmen für je vier Wurfgranaten Kaliber 28- oder 32-cm ausgestattet, die seitlich an Fahrzeug oder auf der Wanne saßen.

Ein Soldat der Wehrmacht inspiziert im Juni 1940 frisch erbeutete Renault-Infanterieschlepper.

Man beachte die Größe des UE 630 sowie den halbkugelförmigen, zurückschiebbaren Kopfschutz.

Artillerie-schlepper 630 (r)

Der T-20 *Komsomolyets* wurde in der Sowjetunion als Zugmittel für leichte Artilleriegeschütze entwickelt und von 1937 bis 1941 in großer Zahl gebaut. Insgesamt standen im Juni 1941 über 6700 dieser Fahrzeuge in Diensten der Roten Armee.

Vorn saß neben dem Fahrer ein Schütze für ein MG in Kugelblende, die Geschützbedienung fuhr auf offenen Sitzbänken in der Fahrzeugmitte mit, verfügte also über keinen Panzerschutz. Bei schlechter Witterung konnte jedoch eine Plane aufgezogen werden.

Die Wehrmacht erbeutete im Sommer 1941 zahlreiche dieser Fahrzeuge und setzte sie ebenfalls als Artillerieschlepper und Versorgungsfahrzeuge ein. Zusätzlich wurden auf Basis des *Komsomolyets* eine unbekannte Anzahl von Selbstfahrlafetten mit 3,7-cm-Pak geschaffen.

Typ:	gepanzerter Artillerie- und Munitionsschlepper
Hersteller:	Staatsbetriebe der UdSSR
Gefechtsgew.:	4000 kg
Länge:	3400 mm
Breite:	1840 mm
Höhe:	1580 mm
Motor:	GAZ M50, 4-Zylinder-Benzinmotor
Hubraum:	k.A
Leistung kw/PS:	37/50
Leistungsgew.:	12,5 PS/t
Höchstgeschw.:	40 km/h (Straße)
Kraftstoffvorrat:	115 l
Fahrbereich:	250 km (Straße)
Besatzung:	2 + 6
Bewaffnung:	1 x 7,62-mm-MG
Panzerung:	7 bis 10 mm
Furttiefe:	0,6 m

Ein Komsomolyets *der 267. Infanteriedivision, der, wie viele Beutefahrzeuge, zur besseren Identifikation mit übergroßen Balkenkreuzen gekennzeichnet ist.*

Schwerer Ladungsträger Borgward B IV Ausf. A

Sd. Kfz. 301

Typ:	schwerer Ladungsträger
Hersteller:	Borgward
Gefechtsgew.:	3450 kg
Länge:	3350 mm
Breite:	1800 mm
Höhe:	1250 mm
Motor:	Borgward 6M RTBV, 6-Zylinder-Benzinmotor
Hubraum:	2310 ccm
Leistung kw/PS:	36/49
Leistungsgew.:	14,2 PS/t
Höchstgeschw.:	38 km/h (Straße)
Kraftstoffvorrat:	k.A
Fahrbereich:	120 km (Straße)
Besatzung:	1
Bewaffnung:	500 kg Sprengladung
Panzerung:	max. 20 mm
Furttiefe:	0,6 m

Der Borgward IV war ursprünglich als Munitionsschlepper entworfen worden (VK 301 und 302), konnte aber weder in dieser Rolle noch als ferngelenkter Minensucher überzeugen. So entschied das Heereswaffenamt, die Borgward zu Ladungsträgern umzurüsten. Die ersten wurden im April 1942 ausgeliefert und kamen ab November 1942 zum Einsatz. Auf längere Distanzen konnte der B IV von einem Fahrer gesteuert werden und verfügte dazu über einen ausklappbaren Fahrererker. Zum Ziel wurde der B IV aber per Funk ferngesteuert, Reichweite max. 0,8 bis 1 km. Hatte er dieses erreicht, warf er eine vorn befestigte, 500 kg schwere Sprengladung ab und zog sich, wiederum per Funk gesteuert, zurück. Dann explodierte die Ladung. Bis Juni 1943 wurden insgesamt 613 Stück der Ausf. A ausgeliefert, danach schlossen sich die verbesserten Ausf. B und C an (565 Ex.), die jeweils über stärkere Panzerung und Motorisierung verfügten. Versuche, die Fahrzeuge mit Fernsehkameras auszustatten, um sie auf größeren Entfernungen besser steuern zu können, waren bis Kriegsende noch nicht abgeschlossen.

Borgward B IV Ausf. A der Pz.Kp. 315, Frankreich Sommer 1944. (Vincent Bourguignon)

Leichter Ladungsträger

Sd. Kfz. 302 Goliath

Typ:	leichter Ladungsträger
Hersteller:	Borgward, Zündapp
Gefechtsgew.:	360 kg
Länge:	1600 mm
Breite:	850 mm
Höhe:	600 mm
Motor:	Zündapp, 2-Zylinder-Benzinmotor
Hubraum:	703 ccm
Leistung kw/PS:	9,2/12,5
Leistungsgew.:	34,7 PS/t
Höchstgeschw.:	10 km/h (Straße)
Kraftstoffvorrat:	k.A
Fahrbereich:	8 bis 12 km (Straße) 6 bis 8 km(Gelände)
Besatzung:	keine
Bewaffnung:	75 kg Sprengladung
Panzerung:	10 mm
Furttiefe:	k.A

Der *Goliath* war ein drahtgelenkter Kleinstpanzer und sollte zur Explosion gebracht werden, sobald er sein Ziel erreicht hatten. Ab April 1942 begann die Auslieferung an die Truppe. Da er wegen seines Elektromotors als Verbrauchsgerät aber recht teuer war, entwickelte Borgward eine neue Variante mit Benzinmotor. Bis Juli 1944 wurden rund 2650 Exemplare mit E-Motor (Sd.Kfz. 302) gebaut. Die ersten Goliath mit Zündapp-Benzinmotor (Sd.Kfz 303a) wurden im April 1943 ausgeliefert und 4.594 Mal gefertigt. Ein größeres Modell mit 100 kg Sprengstoff (Sd.Kfz. 303b) wurde ab November 1944 325 Mal hergestellt. Alle Goliaths waren empfindlich, schwer zu handhaben, und ihre Sprengladungen war zu klein. Die erheblichen Bestände von 2527 mit Elektro- und 3797 mit Vergasermotor ausgerüsteten Goliath am 1. März 1945 zeigen den geringen Einsatzwert dieser Fahrzeuge.

Pioniere der US Army (Engineer 5th and 6th Special Brigade) untersuchen im Sommer 1944 auf einer normannischen Wiese von der Wehrmacht zurückgelassene Goliath (Sd.Kfz. 302). (NARA, via Conseil Régional de Basse-Normandie)

PzKpfw. I Ausf. A Sd.Kfz. 101

Die Ursprünge des Panzerkampfwagen I (PzKpfw. I) gehen auf das Jahr 1932 zurück, als die Reichswehrführung an Krupp den Auftrag zur Entwicklung eines *Leichttraktors* vergab, da das Deutsche Reich laut Versailler Vertrag keine Panzer bauen durfte. So trugen die ab Dezember 1933 gebauten Prototypen die Tarnbezeichnung *Landwirtschaftlicher Schlepper*. Im Sommer 1934 begann die Serienfertigung des ersten neuen Panzers, und obwohl schon bald eine verbesserte Version folgte, wurde die ursprüngliche Version bis 1936 in 818 Exemplaren gebaut. Als Umbau aus vorhandenen Panzern entstanden zudem 51 Munitionsschlepper, einige wenige Flammpanzer, sowie 24 Flakpanzer mit aufgesetzter 2-cm-Flak 38. Der PzKpfw. I war eigentlich nie als Kampfpanzer geplant, er sollte als rasch herzustellende Zwischenlösung vor allem zur Ausbildung eingesetzt werden. Da jedoch niemals genug Exemplare der leistungsfähigeren PzKpfw. III und IV produziert wurden, kamen PzKpfw. I noch 1941 beim Angriff auf die Sowjetunion und in Nordafrika zum Einsatz.

Oben – Pz.Kpfw. I Ausf. A, bei einer Parade in der Vorkriegszeit.

Rechts – PzKpfw. I Ausf.A des Pz.Rgt. 5, Lybien 1941.

Typ:	leichter Panzerkampfwagen
Hersteller:	Krupp, Henschel, MAN
Gefechtsgew.:	5400 kg
Länge:	4020 mm
Breite:	2060 mm
Höhe:	1720 mm
Motor:	Krupp M305 4-Zylinder-Benzinmotor
Hubraum:	3460 ccm
Leistung kw/PS:	44/60
Leistungsgew.:	11,1 PS/t
Höchstgeschw.:	40 km/h (Straße)
Kraftstoffvorrat:	146 l
Fahrbereich:	145 km (Straße) 100 km (Gelände)
Besatzung:	2
Bewaffnung:	2 x 7,92-mm-MG 13
Panzerung:	6 bis 13 mm
Furttiefe:	0,58 m

Grzegorz Jackowski

PzKpfw. I Ausf. B Sd.Kfz. 101

Typ:	leichter Panzerkampfwagen
Hersteller:	Henschel, MAN, Wegmann
Gefechtsgew.:	6000 kg
Länge:	4420 mm
Breite:	2060 mm
Höhe:	1720 mm
Motor:	Maybach NL 38 TR, 6-Zylinder-Benzinmotor
Hubraum:	3790 ccm
Leistung kw/PS:	73/100
Leistungsgew.:	16,7 PS/t
Höchstgeschw.:	40 km/h (Straße)
Kraftstoffvorrat:	146 l
Fahrbereich:	180 km (Straße) 130 km (Gelände)
Besatzung:	2
Bewaffnung:	2 x 7,92-mm-MG 13
Panzerung:	6 bis 13 mm
Furttiefe:	0,58 m

Schon bald stelle sich aber heraus, dass der 60 PS starke Krupp-Motor für den 5,4 t schweren *Landwirtschaftlichen Schlepper I* zu schwach war. Daher wurde ab August 1935 eine verbesserte Version mit einem 100-PS-Maybach-Motor gebaut, die aufgrund des größeren Motors eine um 40 cm verlängerte Wanne und ein um ein Laufrollenpaar verlängertes Laufwerk erhielt. Zudem lag das Leitrad nun nicht mehr am Boden. Der stärkere Motor erforderte auch Änderungen an Getriebe und Wannenbug. Die sonstige Ausstattung und Bewaffnung blieb jedoch unverändert. Diese Version trug ab 1938 Bezeichnung PzKpfw. I Ausf. B, während die erste Version als Ausf. A bezeichnet wurde. Insgesamt wurden bis Juni 1937 675 PzKpfw I gebaut. Auf Basis der Ausf. B entstanden bis November 1938 weitere 164 Instandsetzungskraftwagen I ohne Aufbau. Auch als Ladungsleger, Minenräumer und Fahrschulpanzer wurde die Ausf. B eingesetzt. 1943 erging die Anweisung, alle noch vorhandenen PzKpfw. I zu Munitionsschleppern umzubauen.

PzKpfw. I Ausf. während des Polenfeldzuges im September 1939.

PzKpfw. I Ausf.B, Stab des Pz.Rgt.36, 1941.

Grzegorz Jackowski

Kleiner Panzerbefehlswagen Sd.Kfz. 265

Auf Basis des PzKpfw. I Ausf. B entstanden zwischen 1935 und 1937 184 Kleine Panzerbefehlswagen (Sd.Kfz. 265) in drei leicht unterschiedlichen Versionen. Zusätzlich wurden sechs Wagen dieser Art aus Fahrgestellen der Ausf. A umgebaut. Um Platz für eine leistungsfähigere Funkanlage (FuG 2 und FuG 6) sowie ein Kartenbrett zu schaffen, fiel der Drehturm weg. Stattdessen wurde ein großer, kastenförmiger Aufbau auf die Wanne gesetzt, in dessen Vorderteil sich ein 7,92-mm-MG in einer Kugelblende befand. Die Panzerung wurde durch zusätzliche Platten um 17 mm an der Aufbaufront und 10 mm am Bug verstärkt. Einige Fahrzeuge verfügten über einen kleinen, rechteckigen Turm. Die Besatzung wurde auf drei Mann erhöht. Der Kleine Panzerbefehlswagen blieb bis 1942 im Dienst. Nach dem Polenfeldzug wurden einige Panzerbefehlswagen zu Sanitätspanzern (Sanitätskraftwagen I) umgebaut, zudem gab es eine kleine Anzahl von Wagen, die dazu umgerüstet wurden, die Fernsteuerung der Minenräumwagen B I und B II zu übernehmen.

Typ:	Panzerbefehlswagen
Hersteller:	Daimler-Benz
Gefechtsgew.:	5900 kg
Länge:	4420 mm
Breite:	2060 mm
Höhe:	1990 mm
Motor:	Maybach NL 38 TR, 6-Zylinder-Benzinmotor
Hubraum:	3790 ccm
Leistung kw/PS:	73/100
Leistungsgew.:	16,9 PS/t
Höchstgeschw.:	40 km/h (Straße)
Kraftstoffvorrat:	146 l
Fahrbereich:	180 km (Straße) 130 km (Gelände))
Besatzung:	2
Bewaffnung:	1 x 7,92-mm-MG 13 oder MG 34
Panzerung:	6 bis 30 mm
Furttiefe:	0,58 m

PzBefwg. I der 11.Pz.Div., Raum Tula (Russland), 1941.

Grzegorz Jackowski

PzKpfw. I Ausf. C
Sd.Kfz. 101

Im September 1939 erteilte das Heereswaffenamt den Auftrag zur Entwicklung eines leichten Aufklärungs- und Luftlandepanzers. Für das Fahrgestell des VK 601 (bzw. später PzKpfw. I Ausf. C) genannten Projektes zeichnete Krauss-Maffei, für den Turm Daimler-Benz verantwortlich. Außer der Bezeichnung hatte die Ausf. C jedoch kaum noch etwas mit den Ausf. A oder B gemein. Das Laufwerk bestand aus fünf großen Laufrädern in Schachtelanordnung, und ein Maybach-Motor HL45P mit 150 PS verlieh dem Sd.Kfz. 101 eine Geschwindigkeit von 65 km/h. Auch die Wanne wurde umgestaltet und stärker gepanzert. Der zweiköpfigen Besatzung stand eine 2-cm-MK sowie ein 7,92-mm-MG im Drehturm zur Verfügung. Ab Juli 1942 wurden 40 Vorserienexemplare produziert, zu einem Serienbau kam es jedoch nicht. Zwei Fahrzeuge wurden in Russland erprobt, der Rest wurde in die Reserve des LVIII. Panzerkorps eingegliedert und ging 1944 in der Normandie verloren. Beim PzKpfw. I Ausf. D (VK 602) handelte es sich um eine in nur wenigen Exemplaren gebaute verbesserte Version der Ausf. C mit 180 PS und stärkerer Panzerung.

Typ:	leichter Aufklärungs- und Luftlandepanzer
Hersteller:	Krauss-Maffei, Daimler-Benz
Gefechtsgew.:	8000 kg
Länge:	4190 mm
Breite:	1920 mm
Höhe:	1940 mm
Motor:	Maybach HL 45P, 6-Zylinder-Benzinmotor
Hubraum:	4678 ccm
Leistung kw/PS:	110/150
Leistungsgew.:	18,8 PS/t
Höchstgeschw.:	65 km/h (Straße)
Kraftstoffvorrat:	k.A
Fahrbereich:	300 km (Straße)
Besatzung:	2
Bewaffnung:	1 x 20-mm-Mk EW141, 1 x 7,92-mm-MG 34
Panzerung:	10 - 30 mm
Furttiefe:	0,8 m

Vincent Bourguignon

Vincent Bourguignon

PzKpfw. I Ausf. F Sd.Kfz. 101

Die Ausf. F des PzKpfw. diente der Infanterieunterstützung. Nachdem Ende Dezember 1939 Krauss-Maffei den Auftrag zur Entwicklung eines entsprechenden Fahrzeuges (VK 1801) erhalten hatte, wurde im Juni 1940 der erste Prototyp vorgestellt. Eine Vorserie von 30 Stück entstand von April bis Dezember 1942. Das Laufwerk erinnerte an das der Ausf. C, verfügte aber über auf 54 cm verbreiterte Ketten, da die bis auf 80 mm verstärkte Panzerung das Gewicht auf 21 000 kg erhöhte. Die Bewaffnung bestand jedoch nur aus zwei MG im Turm, und auch die Geschwindigkeit betrug lediglich 25 km/h, da sich am Maybach-Motor der Ausf. C nichts geändert hatte.
Einige Fahrzeuge wurden ab 1943 bei der 1. und 12. Panzerdivision erprobt, bis August 1944 waren alle diese Panzer verloren gegangen.

Typ:	leichter Infanteriepanzer
Hersteller:	Krauss-Maffei
Gefechtsgew.:	21 000 kg
Länge:	4380 mm
Breite:	2640 mm
Höhe:	2050 mm
Motor:	Maybach HL 45P, 6-Zylinder-Benzinmotor
Hubraum:	4678 ccm
Leistung kw/PS:	110/150
Leistungsgew.:	7,1 PS/t
Höchstgeschw.:	25 km/h (Straße)
Kraftstoffvorrat:	k.A
Fahrbereich:	150 km (Straße)
Besatzung:	2
Bewaffnung:	2 x 7,92-mm-MG 34
Panzerung:	25 bis 80 mm
Furttiefe:	0,8 m

PzKpfw. II Ausf. b Sd.Kfz. 121

Typ:	leichter Panzerkampfwagen
Hersteller:	MAN, Daimler-Benz
Gefechtsgew.:	7900kg
Länge:	4760 mm
Breite:	2140 mm
Höhe:	1960 mm
Motor:	Maybach HL 62 TRM, 6-Zylinder-Benzinmotor
Hubraum:	6191 ccm
Leistung kw/PS:	103/140
Leistungsgew.:	17,7 PS/t
Höchstgeschw.:	40 km/h (Straße), 20 km/h (Gelände)
Kraftstoffvorrat:	170 l
Fahrbereich:	200 km (Straße) 125 km (Gelände)
Besatzung:	3
Bewaffnung:	1 x 2-cm-KwK 30, 1 x 7,92-mm-MG 34
Panzerung:	5 bis 13 mm (Blende bis 15 mm)
Furttiefe:	0,92 m

Ähnlich wie der PzKpfw. I war auch der PzKpfw. II als Zwischenlösung bis zum Erscheinen der geplanten Standard-Typen Panzer III und IV gedacht. Krupp, Henschel und MAN entwickelten jeweils Vorschläge für einen 10-t-Panzer, der aus Geheimhaltungsgründen *Landwirtschaftlicher Schlepper 100* genannt wurde. Das Waffenamt entschied sich für das MAN-Modell, von dem Ende 1935 die ersten Einheiten ausgeliefert wurden. Die ersten 75 PzKpfw. II waren Vorserienmodelle der Ausf. a/1, a/2 und a/3, die von einem 130 PS starken Maybach-Motor HL 57 TR angetrieben wurden. Jede dieser Versionen wies kleine Verbesserungen gegenüber ihren Vorgängern auf. Von Februar bis März 1937 bauten MAN und Daimler-Benz 25 Exemplare der Ausf. b, deren Laufwerk zwar im Prinzip dem der Ausf. a (sechs kleinen Laufrollen an einem Tragbalken) entsprach, jedoch in Details verbessert worden war. Zudem erhielt dieses Modell den stärkeren Maybach HL 62 TR sowie ein geändertes Getriebe-, Kühl- und Abgassystem. Obwohl nur Vorserienmodelle, kamen auch die Ausf. a und b in den ersten Monaten des 2. Weltkriegs zum Einsatz.

PzKpfw. II Ausf. b der 1. SS-Pz.Div.; Ukraine 1941.

Grzegorz Jackowski

Oben – PzKpfw. II Ausf. b des Pz.Rgt. 6, September 1938.

PzKpfw. II Ausf. b der 10. Pz.Div.

Grzegorz Jackowski

PzKpfw. II Ausf. C des Pz.Rgt.8, Lybien 1941.

PzKpfw. II Ausf. C Sd.Kfz. 121

Im März 1937 erschien ein weiteres Vorserienmodell des PzKpfw. II, die Ausf. c. Dieses besaß ein gegenüber den Vorgängermodellen verändertes Laufwerk aus fünf mittelgroßen, einzeln gefederten Laufrollen, das bei den folgenden Hauptproduktionsversionen Ausf. A, B und C beibehalten wurde. Diese Versionen unterschieden sich nur in Details, besaßen jedoch alle eine gegenüber den Ausf. a und b verbesserte Panzerung. Der Polenfeldzug zeigte, dass sie dennoch zu schwach gepanzert waren, weshalb 1940 teils zusätzliche 20-mm-Platten im Frontbereich angebracht wurden. Von März 1937 bis April 1940 wurden insgesamt 1113 PzKpfw. der Ausf. c, A, B und C produziert. Damit war der PzKpfw. II zu Beginn des 2. Weltkrieges das Rückgrat der Panzerdivisionen und stellte noch zu Beginn des Frankreichfeldzuges gut die Hälfte aller verfügbaren Panzer. Aus Umbauten der Ausf. B entstanden rund 200 Panzerbefehlswagen mit starrem Turm und zusätzlicher Funkausrüstung.

Typ:	leichter Panzerkampfwagen
Hersteller:	MAN, Wegmann, Famo
Gefechtsgew.:	8900 kg
Länge:	4810 mm
Breite:	2280 mm
Höhe:	2020 mm
Motor:	Maybach HL 62 TRM, 6-Zylinder-Benzinmotor
Hubraum:	6191 ccm
Leistung kw/PS:	103/140
Leistungsgew.:	15,7 PS/t
Höchstgeschw.:	40 km/h (Straße) 19 km/h (Gelände)
Kraftstoffvorrat:	170 l
Fahrbereich:	200 km (Straße) 100 km (Gelände)
Besatzung:	3
Bewaffnung:	1 x 2-cm-KwK 30, 1 x 7,92-mm-MG 34
Panzerung:	5 bis 14,5 mm (Blende bis 16 mm)
Furttiefe:	0,92 m

Rechts – PzKpfw. II Ausf. C während der Vorkriegszeit im Manöver.

PzKfw. II Ausf.C des Pz.Rgt. der SS-Div. Wiking, Kubangebiet (Russland), 1942.

Grzegorz Jackowski

PzKpfw. II Ausf. D und E Sd.Kfz. 121

Typ:	leichter Panzerkampfwagen
Hersteller:	Daimler-Benz, MAN
Gefechtsgew.:	10 000 kg
Länge:	4650 mm
Breite:	2300 mm
Höhe:	2060 mm
Motor:	Maybach HL 62 TRM, 6-Zylinder-Benzinmotor
Hubraum:	6191 ccm
Leistung kw/PS:	103/140
Leistungsgew.:	14 PS/t
Höchstgeschw.:	55 km/h (Straße) 19 km/h (Gelände)
Kraftstoffvorrat:	200 l
Fahrbereich:	200 km (Straße) 130 km (Gelände)
Besatzung:	4
Bewaffnung:	1 x 2-cm-KwK 30 L/55, 1 x 7,92-mm-MG 34
Panzerung:	5 bis 30 mm
Furttiefe:	0,92 m

MAN baute ab Mai 1938 eine als *Schnellkampfwagen* gedachte Version des PzKpfw. II. Diese Ausf. D besaß zwar noch Turm und Bewaffnung der Ausf. A, B, und C, alles andere war jedoch praktisch neu. Das Laufwerk bestand aus vier großen Laufrollen, die durch Torsionsstäbe gefedert wurden. Trotz gleichen Motors und gestiegenen Gewichtes erbrachte das neue Laufwerk eine Straßengeschwindigkeit von 55 km/h. Allerdings litt die Geländegängigkeit gegenüber den bisherigen Ausführungen deutlich. Die Panzerbesatzung erhöhte sich auf vier Mann. Der Funker saß nun vorn neben dem Fahrer, während im Turm Kommandant und Richtschütze ihren Platz hatten. Es wurden jeweils 180 Schuss für die 2-cm-KwK 30 und 1425 Patronen für das MG 34 mitgeführt. Die Ausf. E unterschied sich nur in Details an Laufwerk und Gleisketten von der Ausf. D. Beide Ausführungen wurden bei den leichten Divisionen eingesetzt, bewährten sich jedoch nicht. Insgesamt wurden 250 Panzer II der Ausf. D und E hergestellt.

PzKpfw.II Ausf. D der 3. leichten Division.

Grzegorz Jackowski

PzKpfw. II (Flamm) Sd.Kfz. 122 Flamingo

Unter Verwendung der Fahrgestelle umgebauter PzKpfw. II Ausf. D und E entstanden bei Wegmann in Kassel ab Mai 1940 90 Flammpanzer. Diese *Flamingo* genannten Fahrzeuge besaßen zwei kleine Türme mit Flammenwerfern auf den Kettenabdeckungen sowie einen neuen, kleinen Turm mit einem 7,92-mm-MG 34. Für die Flammenwerfer standen je 160 l Flammöl zur Verfügung, was für bis zu 80 Feuerstöße von zwei bis drei Sekunden ausreichte. Der dazu notwendige Druck wurde durch komprimierten Stickstoff erzeugt.

Diese Flammpanzer sollten eng mit Infanterie zusammenwirken und diese unterstützen. Sie wurden samt und sonders an der Ostfront eingesetzt, bewährten sich allerdings nicht. So wurden die noch vorhandenen Flammpanzer II Ende 1942 von der Front abgezogen.

Typ:	leichter Flammpanzer
Hersteller:	Umbau durch Wegmann
Gefechtsgew.:	10 500 kg
Länge:	4650 mm
Breite:	2300 mm
Höhe:	1850 mm
Motor:	Maybach HL 62 TRM, 6-Zylinder-Benzinmotor
Hubraum:	6191 ccm
Leistung kw/PS:	103/140
Leistungsgew.:	13,3 PS/t
Höchstgeschw.:	55 km/h (Straße), 19 km/h (Gelände)
Kraftstoffvorrat:	200 l
Fahrbereich:	200 km (Straße) 130 km (Gelände)
Besatzung:	3
Bewaffnung:	2 x Flammenwerfer, 1 x 7,92-mm-MG 34
Panzerung:	5 bis 30 mm
Furttiefe:	0,92 m

Die meisten Fahrzeuge wurden später in *Marder II*-Selbstfahrlafetten umgebaut. Die *Flamingo*-Türme wurden in Festungswerke eingebaut.

Vincent Bourguignon

PzKpfw. II Ausf. F Sd.Kfz. 121

Obwohl die Mängel des PzKpfw. II, insbesondere die zu leichte Bewaffnung und Panzerung, bereits deutlich zu Tage getreten waren, wurde im März 1941 eine weitere Version, die Ausf. F, bei der Truppe eingeführt. Dieses Modell besaß eine modernere KwK mit höherer Schussfolge, jedoch noch immer nur im Kaliber 2 cm. Die Panzerung war so weit verstärkt worden, wie es der Grundentwurf zuließ, dennoch blieb die Schutzwirkung unzureichend. Dennoch zeigte die Ausf. F Detailverbesserungen am Wannenbug, der Fahrerfront, der Blende sowie dem Fahrgestell und der Kommandantenkuppel. Die Ausf. F wurde meist nicht länger als Kampfpanzer, sondern als Aufklärungsfahrzeug verwendet. Bis Dezember 1942 entstanden 524 PzKpfw. II Ausf. F. Ab 1943 wurden sämtliche noch vorhandenen PzKpfw. II aus den Fronteinheiten abgezogen.
1940 entstanden für die geplante Invasion Großbritanniens 52 mit seitlichen Auftriebskörpern schwimmfähig gemachte PzKpfw. II, zudem gab es Munitionsschlepper und Pionierpanzer ohne Turm.

Typ:	leichter Panzerkampfwagen
Hersteller:	MAN, Wegmann, Famo, Miag
Gefechtsgew.:	9500 kg
Länge:	4810 mm
Breite:	2280 mm
Höhe:	2150 mm
Motor:	Maybach HL 62 TRM, 6-Zylinder-Benzinmotor
Hubraum:	6191 ccm
Leistung kw/PS:	103/140
Leistungsgew.:	14,7 PS/t
Höchstgeschw.:	40 km/h (Straße) 19 km/h (Gelände)
Kraftstoffvorrat:	170 l
Fahrbereich:	200 km (Straße) 100 km (Gelände)
Besatzung:	3
Bewaffnung:	1 x 2-cm-KwK 38, 1 x 7,92-mm-MG 34
Panzerung:	5 bis 35 mm
Furttiefe:	0,92 m

PzKpfw. II Ausf.F, b der 1. SS-Pz.Div., Charkow (Ukraine), 1943.

Grzegorz Jackowski

PzKpfw. II Ausf. L Sd.Kfz. 123 Luchs

Typ:	leichter Aufklärungspanzer
Hersteller:	MAN
Gefechtsgew.:	11 500 kg
Länge:	4630 mm
Breite:	2480 mm
Höhe:	2210 mm
Motor:	Maybach HL 66 P, 6-Zylinder-Benzinmotor
Hubraum:	6754 ccm
Leistung kw/PS:	132/180
Leistungsgew.:	15,6 PS/t
Höchstgeschw.:	60 km/h (Straße) 42 km/h (Gelände)
Kraftstoffvorrat:	236 l
Fahrbereich:	290 km (Straße) 175 km (Gelände)
Besatzung:	3
Bewaffnung:	1 x 2-cm-KwK 38, 1 x 7,92-mm-MG 34
Panzerung:	10 bis 30 mm
Furttiefe:	1,4 m

Bereits seit 1939 arbeitete MAN daran, den PzKfw. II grundlegend zu verändern und zu verbessern: Es sollte ein gut geschütztes und mobiles Aufklärungsfahrzeug entstehen. Der Weg zum PzKfwg. II *neuer Art* (n/A) lief dabei über verschiedene Versuchskonstruktionen, wie die VK 901 (Ausf. G), die VK 903 (Ausf. H), die VK 1601 (Ausf. J), sowie die VK 1301 (Ausf. M), welche jeweils nur in sehr kleinen Stückzahlen gebaut wurden. Allen gemein war eine verstärkte Panzerung und ein Schachtellaufwerk mit fünf Laufrollen. Die endgültige Form hatte der PzKpfw. II n/A in der VK 1303 gefunden, die schließlich als Ausf. L *Luchs* in Serie ging. Die ersten Versuchsfahrzeuge wurden im August 1942 ausgeliefert. Ein geplanter Auftrag über 3600 Fahrzeuge, von denen die ersten 100 mit der KwK 38, alle folgenden mit der 5-cm-KwK 39/L 60 in einen oben offenen Turm bewaffnet sein sollten, wurde jedoch storniert. Nur die 100 mit der KwK 38 ausgerüsteten *Luchs* gingen bis Januar 1944 an die Truppe.

Oben – PzKpfw. II Luchs *des Panzermuseums in Saumur, Frankreich.* (Bruno Lequeux)

Grzegorz Jackowski

PzKpfw. 17/18 R (f)

Der Renault FT-17 stammte in seiner Konzeption noch aus dem 1. Weltkrieg und war im Grunde wenig mehr als eine genietete Kiste aus Panzerblechen mit einem zu schwachen Motor auf einem praktisch ungefederten Laufwerk. Doch allein bis 1918 wurden rund 3000 FT-17 gebaut. Auch nach Kriegsende lief die Produktion in vielen Varianten im großen Stil weiter, und der Renault wurde in zahlreiche Länder exportiert. 1940 waren noch rund 2500 FT-17 oder die verbesserte Version FT-18 bei den Franzosen im Einsatz, davon etwa 500 bei Fronteinheiten, die größtenteils der Wehrmacht in die Hände fielen. Zahlreiche erbeute Exemplare wurden unter der Bezeichnung Panzerkampfwagen 17/18 R (f) von Wehrmacht und SS in besetzten Gebieten zu Sicherungsaufgaben eingesetzt. Zudem wurden einige Türme von FT-17 in deutsche Befestigungen an der Atlantikküste eingebaut. Selbst beim Kampf um Paris im August 1944 kamen auf deutscher Seite noch einmal FT-17 zum Einsatz.

Ein mit einem 7,5-mm-MG bewaffneter FT-17 Modell 1931 des französischen 66ème Bataillon de Chars de Combat (66. Panzerbataillon), im Juni 1940 von der Wehrmacht erbeutet. (NARA, via Conseil Régional de Basse-Normandie)

Typ:	leichter Panzerkampfwagen
Hersteller:	Renault
Gefechtsgew.:	7000 kg
Länge:	4100 mm
Breite:	1740 mm
Höhe:	2300 mm
Motor:	Renault , 4-Zylinder-Benzinmotor
Hubraum:	4500 ccm
Leistung kw/PS:	26/35
Leistungsgew.:	5 PS/t
Höchstgeschw.:	7,5 km/h (Straße)
Kraftstoffvorrat:	85 l
Fahrbereich:	60 km (Straße) 35 km (Gelände)
Besatzung:	2
Bewaffnung:	1 x 3,7-cm Kanone
Panzerung:	6 - 16 mm
Furttiefe:	0,5 m

Vincent Bourguignon

PzKpfw. 38 H (f)

Der Hotckiss H-38 war ein französischer Entwurf und stellte eine verbesserte Version des H-35 dar, der ab 1936 als Kavalleriepanzer gefertigt worden war. Nach der Niederlage Frankreichs fielen Hunderte dieser beiden Panzermodelle in deutsche Hände und wurden zum Teil nach dem Einbau deutscher Funkgeräte und Veränderungen an der Kommandantenkuppel als PzKpfw. 35 bzw. 38 H (f) wieder in Dienst gestellt. Noch Ende Mai 1943 waren 355 Stück im Bestand der Wehrmacht zu finden. Panzer dieses Typs wurden vor allem auf Nebenkriegsschauplätzen für Sicherungsaufgaben, als Mörserzugmittel, Munitionsschlepper, Instandsetzungspanzer und Fahrschulfahrzeuge eingesetzt. Zudem wurden 60 Stück mit einer 7,5-cm-Pak 40 in einem oben offenen Panzeraufbau zu Panzerjägern umgerüstet, und 48 mit einer 10,5-cm-lFH 18/40 zu Panzerhaubitzen. Für die mit diesen Artillerie-Selbstfahrlafetten ausgerüsteten Einheiten entstanden auf Basis der Hotchkiss-Modelle zusätzlich 24 Beobachtungspanzer.

Typ:	leichter Panzerkampfwagen
Hersteller:	Hotchkiss
Gefechtsgew.:	12 100 kg
Länge:	4220 mm
Breite:	1850 mm
Höhe:	2140 mm
Motor:	Hotchkiss 6L6, 6-Zylinder-Benzinmotor
Hubraum:	5976 ccm
Leistung kw/PS:	88/120
Leistungsgew.:	9,1 PS/t
Höchstgeschw.:	36,5 km/h (Straße) 16 km/h (Gelände)
Kraftstoffvorrat:	207 l
Fahrbereich:	150 km (Straße) 90 km (Gelände)
Besatzung:	2
Bewaffnung:	1 x 3,7-cm Kanone, 1 x 7,5-mm MG
Panzerung:	max. 45 mm
Furttiefe:	0,5 m

PzKpfw. 38 H (f) der 1.Abt./Pz.Rgt. 201.

PzKpfw. L 3/33 und 35 (i)

Typ:	leichter Panzerkampfwagen
Hersteller:	Fiat, Ansaldo
Gefechtsgew.:	2740 kg
Länge:	3160 mm
Breite:	1400 mm
Höhe:	1280 mm
Motor:	SPA CV-3, 4-Zylinder-Benzinmotor
Hubraum:	k.A
Leistung kw/PS:	31,5/43
Leistungsgew.:	12,5 PS/t
Höchstgeschw.:	42 km/h (Straße)
Kraftstoffvorrat:	k.A
Fahrbereich:	125 km (Straße)
Besatzung:	2
Bewaffnung:	1 x 8-mm-Zwillings-MG oder 1 x 7,92-mm MG
Panzerung:	6,5 bis 13,5 mm
Furttiefe:	k.A

Ab 1933 wurden in Italien rund 2500 Zwei-Mann-Panzer der Baureihe L 3 produziert, die auf britischen Carden-Loyd Mk. VI Kleinpanzern basierten. Das Modell L 3/33 war mit einem einzelnen 6,5-mm-MG, die Variante L 3/35 mit einem 8-mm-Zwillings-MG bewaffnet und etwas stärker gepanzert. Es gab jedoch auch Versionen mit einer 2-cm-Pak, einem Flammenwerfer oder Pionierausrüstung. 148 im September 1943 in deutsche Hände gefallene Panzer dieses Typs, sowie 17 nach diesem Zeitpunkt neu gebaute Wagen, wurden vor allen für Sicherungsaufgaben und zur Partisanenbekämpfung auf dem Balkan verwendet. L3/33 und 35 wurden in zahlreiche Länder exportiert, darunter auch 74 Stück nach Österreich. Diese wurden 1938 in die Wehrmacht eingegliedert und dienten der Panzerabteilung 33 als Erstausstattung. Später wurden diese Fahrzeuge zur Ausbildung und als Munitionsschlepper eingesetzt.

PzKpfw. L 3 /33 der österreichischen Armee.

PzKpfw. TKS (p)

Seit 1929 waren in Polen auf der Basis importierter britischer Carden-Loyd Fahrgestelle eine Reihe von *Tanketten* oder Kleinpanzern entwickelt worden. Diese TK genannten Modelle waren sämtlich mit nur zwei Mann besetzt und trugen ein einzelnes MG. Als verbesserte Version kam der TKS ab 1934 zur polnischen Armee. Bei Ausbruch des Krieges im September 1939 verfügten die polnischen Streitkräfte über 440 einsatzfähige Kleinpanzer des Typs TK/TKS, von denen eine ganze Anzahl von der Wehrmacht erbeutet wurde.

In deutschen Diensten wurden diese Fahrzeuge vor allem für Ausbildungs- und Sicherungsaufgaben (z.B. auf Luftwaffenhorsten) verwendet. Dazu wurden die Panzer oft auf französische 8-mm-MG des Typs Hotchkiss M 1914 umgerüstet. Andere polnische Tanketten waren als Zugmittel im Einsatz. In der gleiche Rolle setzte die Wehrmacht auch eine ungepanzerte Variante der TK-Reihe (C 2 P) ein.

Typ:	leichter Panzerkampfwagen
Hersteller:	Panstwowe Zaklady Inzynierii URSUS
Gefechtsgew.:	2740 kg
Länge:	2580 mm
Breite:	1780 mm
Höhe:	1320 mm
Motor:	Polski-Fiat 122B, 4-Zylinder-Benzinmotor
Hubraum:	k.A
Leistung kw/PS:	34/46
Leistungsgew.:	16,8 PS/t
Höchstgeschw.:	40 km/h (Straße)
Kraftstoffvorrat:	70
Fahrbereich:	180 km (Straße) 110 km(Gelände)
Besatzung:	2
Bewaffnung:	1 x 7,92-mm oder 8-mm-MG
Panzerung:	3 bis 10 mm
Furttiefe:	0,58 m

Ein Soldat der US Armee inspiziert einen in Frankreich erbeuteten PzKpfw. TKS (p). (NARA)

PzKpfw. 35 (t)

Oben – Dieser restaurierte PzKpfw. 35 (t) ist im Museum der US Armee auf dem Aberdeen Proving Ground in Maryland (USA) zu sehen.

Rechts unten – PzKpfw. 35 (t) keine Angaben zu Ort oder Zeit.

Der LT35 war eine Konstruktion der Škoda-Werke und wurde 1936 von den tschechoslowakischen Streitkräften eingeführt. Nach der Annektierung der Tschechoslowakei im März 1939 fielen der Wehrmacht zahlreiche Panzer in die Hände, darunter auch rund 300 Fahrzeuge dieses Typs. Das bei der Wehrmacht PzKpfw. 35 (t) genannte Fahrzeug galt als sehr gelungener Entwurf und war dem deutschen Panzer II mindestens ebenbürtig. Das Antriebsrad lag im Gegensatz zu den meisten deutschen Konstruktionen hinten, um mehr Platz im Kampfraum zu schaffen. Das Laufwerk war robust und gut durchkonstruiert. PzKpfw. 35 (t) leisteten einen entscheidenden Beitrag zur Ausrüstung der Panzerdivisionen vor Kriegsbeginn und nahmen an den Feldzügen in Polen und im Westen teil, auch an der Ostfront waren diese Panzer noch bis 1942 im Einsatz, dann waren sie jedoch restlos überholt. Die noch vorhandenen Exemplare wurden zu Bergepanzern oder Zugmaschinen umgerüstet.

Typ:	mittlerer Panzerkampfwagen
Hersteller:	Škoda
Gefechtsgew.:	10 500 kg
Länge:	4650 mm
Breite:	2250 mm
Höhe:	2350 mm
Motor:	Škoda T 2, 4-Zyl.-Benzinmotor
Hubraum:	8620 ccm
Leistung kw/PS:	88/120
Leistungsgew.:	11,4 PS/t
Höchstgeschw.:	34 km/h (Straße)
Kraftstoffvorrat:	218 l
Fahrbereich:	190 km (Straße) 120 km (Gelände)
Besatzung:	4
Bewaffnung:	1 x 3,7-cm-KwK 34 (t) L/40, 2 x 7,92-mm-MG 35/37 (t)
Panzerung:	8 bis 25 mm
Furttiefe:	0,77 m

PzKpfw. 35 (t) der 1. leichten Division.

Grzegorz Jackowski

PzKpfw. 35 (t) der 6. Pz.Div.

Grzegorz Jackowski

PzKpfw. 38 (t) Ausf. D

Der zweite tschechische Panzer, den die Wehrmacht übernahm, war der von Firma CKD gefertigte Panzer LT 38. Ab Mai 1939 durchgeführte Erprobungen erwiesen, dass der LT 38 den deutschen PzKpfw. I und II klar überlegen war, weswegen das Heereswaffenamt den Weiterbau anordnete. CKD, mittlerweile in *Böhmisch-Mährische-Maschinenfabrik* (BMM) umbenannt, lieferte bis Kriegsbeginn 98 Fahrzeuge aus, welche die offizielle Bezeichnung Panzer 38 (t) Ausf. A erhielten. Die Panzerung war recht schwach und vernietet, was bei Treffern dazu führte, dass Nieten im Fahrzeuginneren abplatzten und zu gefährlichen Geschossen wurden. Die Konstruktion selbst war aber wohl durchdacht und sollte sich als sehr zuverlässig und vielseitig erweisen. Die folgenden Versionen B, C und D unterschieden sich von der Ausf. A nur in Details. 1940 und 1941 machten PzKpfw. 38 (t) einen nicht unbeträchtlichen Teil der Ausrüstung der Panzerdivisionen der Wehrmacht aus.

Typ:	mittlerer Panzerkampfwagen
Hersteller:	BMM
Gefechtsgew.:	9700 kg
Länge:	4610 mm
Breite:	2140 mm
Höhe:	2400 mm
Motor:	Praga EPA TZJ, 6-Zylinder-Benzinmotor
Hubraum:	7754 ccm
Leistung kw/PS:	92/125
Leistungsgew.:	12,9 PS/t
Höchstgeschw.:	42 km/h (Straße) 15 km/h (Gelände)
Kraftstoffvorrat:	220 l
Fahrbereich:	240 km (Straße) 160 km (Gelände)
Besatzung:	4
Bewaffnung:	1 x 3,7-cm-KwK 38 (t) L/47,8, 2 x 7,92-mm-MG 37 (t)
Panzerung:	8 - 25 mm
Furttiefe:	0,9 m

Bei diesem in einer Kaserne aufgenommenen PzKpfw. 38 (t) fällt die fehlende MG-Bewaffnung ins Auge. Die genietete Panzerung ist gut zu erkennen.

PzKpfw.38 (t) Ausf. E

Obwohl der PzKpfw. 38 (t) sich bestens bewährte, gab seine schwache Panzerung doch Anlass zur Kritik. Die von November 1940 bis Oktober 1941 gebauten Fahrzeuge der Ausf. E und F, die sich nur in Details unterschieden, waren daher stärker gepanzert (vorn bis zu 50 mm, seitlich bis zu 30 mm). Nur die letzten Exemplare der bis Juni 1942 gebauten Ausführung (G) waren teilweise auch geschweißt. Schweden hatte 1939 noch bei CKD 92 Fahrzeuge bestellt, die aber nicht mehr ausgeliefert wurden und stattdessen an die Wehrmacht gingen (Ausf. S). Schweden erhielt stattdessen im Dezember 1942 die Rechte zur Lizenzfertigung. Auf Basis des PzKpfw. 38 (t) entstanden 1943 70 Stück des Aufklärungspanzer 38. Auf die unveränderte Wanne des Panzer 38 (t) hatte man dabei den Turm des Sd.Kfz. 222 mit 2-cm-Kwk 38 und MG 42 gesetzt. Für die Wehrmacht wurden insgesamt rund 1400 PzKpfw. 38 (t) produziert. Ab Mitte 1942 war der Kampfwert der Fahrzeuge jedoch sehr beschränkt, daher wurden sie nicht mehr als Kampfpanzer eingesetzt.

Typ:	mittlerer Panzerkampfwagen
Hersteller:	BMM
Gefechtsgew.:	9850 kg
Länge:	4610 mm
Breite:	2140 mm
Höhe:	2400 mm
Motor:	Praga EPA TZJ, 6-Zylinder-Benzinmotor
Hubraum:	7754 ccm
Leistung kw/PS:	92/125
Leistungsgew.:	12,7 PS/t
Höchstgeschw.:	42 km/h (Straße) 15 km/h (Gelände)
Kraftstoffvorrat:	220 l
Fahrbereich:	240 km (Straße) 160 km (Gelände)
Besatzung:	4
Bewaffnung:	1 x 3,7-cm-KwK 38 (t) L/48, 2 x 7,92-mm-MG 37 (t)
Panzerung:	8 bis 50 mm
Furttiefe:	0,9 m

PzKpfw. 38 (t) Ausf. E der 8.Pz.Div, 1941.

Grzegorz Jackowski

PzKpfw. 7 TP (p)

Der polnische Panzer 7TP war eine Weiterentwicklung des in den 1930er Jahren kommerziell sehr erfolgreichen britischen Vickers-6-Tonners. Zwischen 1934 und 1939 wurden insgesamt 135 7 TP gebaut. Diese von einem Dieselmotor angetriebenen Fahrzeuge waren für die damalige Zeit sehr fortschrittlich und verfügten über eine Funkanlage.
Ein Manko war vor allem die zu schwache Panzerung von maximal 17 mm im Frontbereich. Die 7 TP waren den PzKpfw. I und II der Wehrmacht klar überlegen und dem Panzer 35(t) ebenbürtig, konnten aufgrund ihrer geringen Zahl im September 1939 jedoch nur wenig ausrichten. Sämtliche von der Wehrmacht erbeuteten Exemplare wurden zu Ausbildungszwecken und zur Partisanenbekämpfung verwendet. In deutsche Hände gefallene ungepanzerte Vollkettenschleppper auf Basis des 7 TP (C 7 P) kamen ebenfalls in geringer Zahl bei der Wehrmacht zum Einsatz.

Typ:	mittlerer Panzerkampfwagen
Hersteller:	Panstwowe Zaklady Inzynierii URSUS
Gefechtsgew.:	9900 kg
Länge:	4650 mm
Breite:	2410 mm
Höhe:	2160 mm
Motor:	Sauer VBLDb, 6-Zylinder-Dieselmotor
Hubraum:	k.A
Leistung kw/PS:	81/110
Leistungsgew.:	11,1 PS/t
Höchstgeschw.:	35 km/h (Straße)
Kraftstoffvorrat:	k.A
Fahrbereich:	160 km (Straße) 120 km (Gelände)
Besatzung:	3
Bewaffnung:	1 x 3,7-cm-Kanone L/45, 1 x 7,92-mm-MG
Panzerung:	5 bis 17 mm
Furttiefe:	0,7 m

Ein von deutschen Truppen während des Angriffes auf Polen im September 1939 erbeuteter 7 TP.

PzKpfw. 35 S (f)

Der Somua-35 war 1940 sicher der beste französische Panzer. Sein schwerwiegendster Nachteil war, wie bei allen französischen Panzern, der Ein-Mann-Turm, der den Kampfwert des technisch ausgezeichneten Wagens stark minderte. Im Mai 1940 waren bei den französischen Einheiten 416 Panzer S-35 im Dienst. Die Wehrmacht übernahm 297 davon als PzKpfw. 35 S (f) und setzte sie meist auf Nebenkriegsschauplätzen wie dem Balkan oder Skandinavien ein. Dazu erhielten die Panzer deutsche Funkgeräte und Antennen sowie neue Beobachtungskuppeln. Auf Basis des Somua entstanden zum Teil mit Rahmenantenne ausgerüstete Befehlspanzer, Mörserzugmaschinen, Munitionsschlepper und Fahrschulpanzer. Selbstfahrlafetten auf Basis des S-35 baute die Wehrmacht allerdings offenbar nicht, die ` Besonderheiten des gegossenen Panzerkastenoberteils ließen zu wenig Modifikationen zu. Ende Mai 1943 waren noch 142 PzKpfw. 35 S (f) in den Beständen der Wehrmacht zu finden.

Typ:	mittlerer Panzerkampfwagen
Gefechtsgew.:	19 500 kg
Länge:	5380 mm
Breite:	2120 mm
Höhe:	2640 mm
Motor:	Somua, 8-Zylinder-Benzinmotor
Hubraum:	12 700 ccm
Leistung kw/PS:	140/190
Leistungsgew.:	9,7 PS/t
Höchstgeschw.:	45 km/h (Straße) 37 km/h (Gelände)
Kraftstoffvorrat:	410 l
Fahrbereich:	230 km (Straße) 130 km (Gelände)
Besatzung:	3
Bewaffnung:	1 x 4,7-cm-Kanone SA 35 L/32, 1 x 7,5-mm-MG
Panzerung:	max 55 mm
Furttiefe:	0,7 m

PzKpfw. 35 S (f) wurden von der Wehrmacht vor allem auf Nebenkriegsschauplätzen und zur Ausbildung eingesetzt. Die hier zu sehende Anbringung von Staukästen auf der rechten Wannenseite war typisch.

PzKpfw. III Ausf. D Sd.Kfz. 141

Typ:	mittlerer Panzerkampfwagen
Hersteller:	Daimler Benz
Gefechtsgew.:	19 800 kg
Länge:	5380 mm
Breite:	2870 mm
Höhe:	2450 mm
Motor:	Maybach HL 108 TR, 12-Zylinder-Benzinmotor
Hubraum:	10 838 ccm
Leistung kw/PS:	184/250
Leistungsgew.:	12,6 PS/t
Höchstgeschw.:	35 km/h (Straße) 19 km/h (Gelände)
Kraftstoffvorrat:	300 l
Fahrbereich:	160 km (Straße) 95 km (Gelände)
Besatzung:	5
Bewaffnung:	1 x 3,7-cm-KwK 35/36 L/45, 3 x 7,92-mm-MG 34
Panzerung:	10 bis 30 mm
Furttiefe:	1 m

1935 vergab das Heereswaffenamt unter dem Tarnnamen *Zugführerwagen* an MAN, Daimler-Benz, Rheinmetall und Krupp Entwicklungsaufträge für einen mittelschweren Panzer, der zum Standardfahrzeug der Wehrmacht werden sollte. Daimler-Benz ging 1936 als Sieger aus der Ausschreibung hervor und lieferte noch im selben Jahr die ersten zehn Exemplare der Ausf. A aus, die gut an ihren fünf mittelgroßen Laufrollen zu erkennen ist. Die ebenfalls nur in kleinen Stückzahlen (insgesamt 60) gebauten Ausf. B bis D besaßen alle ein Fahrwerk aus acht kleinen Laufrollen mit halbelliptischen Federn und unterschieden sich nur in Details. Aus logistischen Gründen (die Infanterie nutzte bereits eine 3,7-cm-Pak) wurde der PzKpfw. III mit einer 3,7-cm-KwK ausgerüstet, obschon führende Generale wie Guderian eine 5-cm-Waffe bevorzugten. Allerdings trafen die Konstrukteure Vorkehrungen, damit auch Waffen größeren Kalibers nachgerüstet werden konnten.

PzKpfw. III Ausf. D in der Vorkriegszeit auf einem Schießplatz. Kennzeichnend für die Ausf. B bis D des PzKpfw. III waren die acht kleinen Laufrollen.

PzKpfw. III Ausf. F Sd.Kfz. 141

Typ:	mittlerer Panzerkampfwagen
Hersteller:	Daimler Benz
Gefechtsgew.:	19 800kg
Länge:	5380 mm
Breite:	2910 mm
Höhe:	2440 mm
Motor:	Maybach HL 120 TRM, 12-Zylinder-Benzinmotor
Hubraum:	11 870 ccm
Leistung kw/PS:	221/300
Leistungsgew.:	15,2 PS/t
Höchstgeschw.:	40 km/h (Straße) 19 km/h (Gelände)
Kraftstoffvorrat:	320 l
Fahrbereich:	165 km (Straße) 100 km (Gelände)
Besatzung:	5
Bewaffnung:	1 x 3,7-cm-KwK 35/36 L/45, 3 x 7,92-mm-MG 34
Panzerung:	10 - 30 mm
Furttiefe:	1 m

Erstes Serienmodell des PzKpwf. III war die ab Ende 1938 gebaute Ausf. E, die nun über ein Fahrwerk mit sechs mittelgroßen Laufrollen an Torsionsstäben verfügte, welches auch sämtliche folgenden Modellen besitzen sollten. Neben einer verstärkten Panzerung, einem stärkeren Maybach-Motor und einem neuen Maybach Variorex-Vorwählgetriebe verfügte die Ausf. E auch über zweiteilige seitliche Turmeinstiegsöffnungen. Die Ausf. F unterschied sich nur in Details von der Ausf. E, z.B. lag die Walzenblende der KwK nun außerhalb des Turmes. Es entstanden 96 Panzer III der Ausf. E und 435 der Auf. F. Die letzten 100 Exemplare der Aus. F erhielten eine 5-cm-KwK mit 99 Schuss und führten nur noch ein MG im Turm. Frühe Ausf. F und E wurden später oft auf diesen Stand nachgerüstet.

PzKpfw. III Ausführung F unbekannter Einheiten.

PzKpfw. III Ausf. H Sd.Kfz. 141

Typ:	Mittlerer Kampfpanzer
Hersteller:	Daimler-Benz
Gefechtsgew.:	21 800kg
Länge:	5520 mm
Breite:	2950 mm
Höhe:	2440 mm
Motor:	Maybach HL 120 TRM, 12-Zylinder-Benzinmotor
Hubraum:	11 870 ccm
Leistung kw/PS:	221/300
Leistungsgew.:	13,8 PS/t
Höchstgeschw.:	40 km/h (Straße) 19 km/h (Gelände)
Kraftstoffvorrat:	320 l
Fahrbereich:	160 km (Straße) 100 km (Gelände)
Besatzung:	5
Bewaffnung:	1 x 5-cm-KwK 38 L/42, 2 x 7,92-mm-MG 34
Panzerung:	10 bis 30 mm (+ 30 mm Zusatzpanzerung)
Furttiefe:	1 m

Im Oktober 1940 erschien die Ausf. H, die mit zahlreichen Neuerungen ausgerüstet war. Neben einem neu gestalteten Turm mit Gepäckkasten am Heck *(Rommelkiste)* besaß dieses Modell neue Leit- und Antriebsräder, ein neues Getriebe sowie eine (durch aufgeschraubte Zusatzplatten im Frontbereich) auf 60 mm verstärkte Panzerung. Aufgrund des gestiegenen Gewichts wurde die Breite der Gleisketten von 360 mm auf 400 mm erhöht, um den Bodendruck zu verringern, sowie die Torsionsstäbe verstärkt. Die Bewaffnung bestand zunächst aus der 5-cm-KwK 38 L/42, ab 1942 wurde auf die 5-cm-KwK 39 L/60 umgerüstet. Im Sommer und Herbst 1940 wurden 168 PzKpfw. III der Ausf. F, G und H für die geplante Invasion Großbritanniens tauchfähig gemacht. Das Unternehmen *Seelöwe* fand jedoch niemals statt. Stattdessen kamen diese Fahrzeuge beim Überfall auf die UdSSR zum Einsatz und durchfuhren am Morgen des 22. Juni 1941 den Fluss Bug.

PzKpfw. III Ausf.H an der Ostfront im Winter 1941/42.

Ganz oben – PzKpfw. III Ausf. H des Pz.Rgt.33, Ukraine, Juli 1941.

Mitte – Bergung eines festgefahrenen PzKpfw. III Ausf. H.

Rechts – Wechsel der Gleiskette an einem Pz.Kpfw. III Ausf. H an der Ostfront im August 1941.

Panzerbefehlswagen III Ausf. H Sd.Kfz. 266, 267, 268

Typ:	Mittlerer Kampfpanzer
Hersteller:	Daimler-Benz
Gefechtsgew.:	21 800 kg
Länge:	5520 mm
Breite:	2950 mm
Höhe:	2440 mm
Motor:	Maybach HL 120 TRM, 12-Zylinder-Benzinmotor
Hubraum:	11 870 ccm
Leistung kw/PS:	221/300
Leistungsgew.:	13,8 PS/t
Höchstgeschw.:	40 km/h (Straße) 19 km/h (Gelände)
Kraftstoffvorrat:	320 l
Fahrbereich:	160 km (Straße) 100 km (Gelände)
Besatzung:	5
Bewaffnung:	1 x 7,92-mm-MG 34
Panzerung:	10 bis 30 mm (+ 30 mm Zusatzpanzerung)
Furttiefe:	1 m

Auf Basis unterschiedlicher Modelle PzKpfw. III entstanden eine Reihe von Befehlsfahrzeugen, z.B. 30 PzBefWg. III Ausf. D, 45 der Ausf. E und 145 der Ausf. H. Alle drei Versionen wurden je nach Funkausstattung als Sd.Kfz. 266 (FuG 2 und 6); Sd.Kfz. 267 (FuG 6 und 8) oder Sd.Kfz. 268 (FuG 6 und 7) bezeichnet. Die Wagen der Ausf. H wurden zwischen November 1940 und Januar 1942 fertiggestellt und besaßen eine große Rahmenantenne oberhalb des Motorraumes. Zusätzlich verfügten die Wagen über einen auf 9 m Höhe ausfahrbaren Antennenmast. Um im Inneren Platz für Kartenbretter und Funkgeräte zu schaffen, war der Turm starr und die KwK wurde durch eine Attrappe ersetzt. Auch das Bug-MG fiel weg, die einzige Bewaffnung bestand aus einem MG 34 in einer Kugelblende in der Turmfront. Spätere Befehlspanzer auf Basis der Ausf.J (185 Stück) und L (50 Stück, Ausf. K genannt) besaßen einen Drehturm mit vollwertiger Bewaffnung.

Die Rahmenantenne über dem Motorraum ist ein typisches Kennzeichen des PzBefWg. III Ausf. H.

PzKpfw. III Ausf. J (lang) Sd.Kfz. 141/1

Die Ausf. J wurde ab März 1941 produziert und trug zunächst noch die kurze 5-cm-KwK. Der Schutz war durch eine bis zu 50 mm starke Grundpanzerung, eine neue Fahrersichtklappe und eine neue Kugelblende für das MG in der Wanne weiter angehoben worden. Ab Dezember 1941 kam aufgrund der Kampferfahrungen an der Ostfront die wirkungsvollere 5-cm-KwK 39 L/60 zum Einbau, mit der erstmals auch der T-34 bekämpft werden konnte. Mit der neuen Bewaffnung änderte sich die Bezeichnung dann in Sd.Kfz. 141/1, und der Munitionsvorrat verringerte sich von 99 auf 84 Schuss. Ab April 1942 wurde eine 20 mm starke Schottpanzerung vor der Fahrer- und der Turmfront angebracht, die auch bei der Ausf. L beibehalten wurde. Die Ausf. L unterschied sich nur in Details sowie einer erneut verstärkten Panzerung von der Ausf. J. Obwohl es sich bei dem Panzer III um einen Entwurf von Daimler-Benz handelte, waren an der Serienproduktion später auch Alkett, Famo, Miag, MNH, Henschel und Wegmann beteiligt.

Typ:	mittlerer Panzerkampfwagen
Hersteller:	Daimler-Benz
Gefechtsgew.:	21 500 kg
Länge:	6410 mm (mit Rohr)
Breite:	2950 mm
Höhe:	2510 mm
Motor:	Maybach HL 120 TRM, 12-Zylinder-Benzinmotor
Hubraum:	11 870 ccm
Leistung kw/PS:	221/300
Leistungsgew.:	14 PS/t
Höchstgeschw.:	40 km/h (Straße) 19 km/h (Gelände)
Kraftstoffvorrat:	320 l
Fahrbereich:	160 km (Straße) 100 km (Gelände)
Besatzung:	5
Bewaffnung:	1 x 5-cm-KwK 39 L/60, 2 x 7,92-mm-MG 34
Panzerung:	10 bis 50 mm (teils + 20 mm)
Furttiefe:	1 m

PzKpfw. III Ausf.J (hier noch mit der kurzen 5-cm-KwK L/42) der Pz.Abt.190, Tunesien, Ende 1942.

PzKpfw. III Ausf.J des Pz.Rgt der SS-Div. Wiking, 1942.

Grzegorz Jackowski

PzKpfw. III (Flamm) Ausf. M Sd.Kfz. 141/3

Typ:	Flammpanzer
Hersteller:	Umbau durch Wegmann
Gefechtsgew.:	23 000 kg
Länge:	5520 mm
Breite:	3410 mm (mit Schürzen)
Höhe:	2510 mm
Motor:	Maybach HL 120 TRM, 12-Zylinder-Benzinmotor
Hubraum:	11 870 ccm
Leistung kw/PS:	221/300
Leistungsgew.:	13 PS/t
Höchstgeschw.:	40 km/h (Straße) 19 km/h (Gelände)
Kraftstoffvorrat:	320 l
Fahrbereich:	150 km (Straße) 90 km (Gelände)
Besatzung:	5
Bewaffnung:	1 x Flammenwerfer, 2 x 7,92-mm-MG 34
Panzerung:	10 bis 80mm (+ 5 mm Schürzen)
Furttiefe:	1,3 m

Ab Oktober 1942 begann die Herstellung der Ausf. M, zu erkennen an dem Nebelkerzenwerfer und der Auspuffanlage, welche die maximale Furttiefe auf 1,3 m anhob. Im Verlauf der Serienfertigung kamen 5 mm starke Schürzen an den Turm- und Wannenseiten hinzu, zum Schutz gegen Panzerbüchsen- und Hohlladungsgeschosse. Von Februar bis April 1943 rüstete Wegmann 100 Panzer III Ausf. M zu Flammpanzern um. Dazu wurde die 5-cm-KwK entfernt und durch ein 1500 mm langes Flammrohr mit 14 mm Durchmesser und Schutzhülle ersetzt. Das koaxiale MG blieb jedoch erhalten. Im Wagen wurden in zwei Tanks 1000 l Flammöl mitgeführt, die für rund

PzKpfw. III Ausf. N Sd.Kfz. 141/2 *Sturmpanzer III*

Typ:	mittlerer Panzerkampfwagen
Hersteller:	Daimler-Benz
Gefechtsgew.:	23 000 kg
Länge:	5520 mm
Breite:	3410 mm (mit Schürzen)
Höhe:	2510 mm
Motor:	Maybach HL 120 TRM, 12-Zylinder-Benzinmotor
Hubraum:	11 870 ccm
Leistung kw/PS:	221/300
Leistungsgew.:	13 PS/t
Höchstgeschw.:	40 km/h (Straße) 19 km/h (Gelände)
Kraftstoffvorrat:	320 l
Fahrbereich:	150 km (Straße) 90 km (Gelände)
Besatzung:	5
Bewaffnung:	1 x 7,5-cm-KwK 37 L/24, 2 x 7,92-mm-MG 34
Panzerung:	10 bis 57 mm (+ Schürzen)
Furttiefe:	1,3 m

Die letzte Variante des PzKpfw. III, die Ausf. N, wurde ab Juni 1942 vor allem auf Basis der Ausf. L und M, in wenigen Exemplaren auch der Ausf. J, produziert, was die Detailunterschiede innerhalb der Ausf. N erklärt.
Der Hauptunterschied gegenüber den vorherigen Modellen lag in der Bewaffnung, die bei der Ausf. N aus einer 7,5-cm-KwK 37 L/24 im Drehturm bestand. Ab März 1943 hergestellte Fahrzeuge trugen 5 mm starke Zusatzpanzerungen an Wannenseiten und Turm (Schürzen). Zusätzlich wurde bei vielen

PzKpfw. III (Flamm) Ausf. M einer unbekannten Einheit, Westfront 1944/45.

Vincent Bourguignon

125 kurze Feuerstöße reichten. Die maximale Reichweite der Feuerstöße betrug 60 m.
Die Besatzung verringerte sich auf drei Mann: Fahrer, Funker und Kommandant, der allein im Turm saß. Um nahe an mögliche Ziele herankommen zu können, wurde die Bugpanzerung mit einer zusätzlichen 30-mm-Platte verstärkt.

PzKpfw. III Ausf.N des Pz.Rgt. der SS-Div. Totenkopf, Kursk (Russland), Juli 1943.

Grzegorz Jackowski

dieser Panzer ein Zimmerit genannter antimagnetischer Schutzanstrich gegen Hafthohlladungen angebracht.
Im August 1943 endete die der PzKpfw.-III-Produktion nach rund 5700 Exemplaren aller Versionen, darunter auch einer ganzen Reihe von Befehlswagen. PzKpfw. III wurden nach Mitte 1943 zudem oft zu Beobachtungs-, Pionier-, Berge- und Munitionstransportpanzern umgerüstet.

PzKpfw. IV Ausf. B Sd.Kfz. 161

Typ:	mittlerer Panzerkampfwagen
Hersteller:	Krupp
Gefechtsgew.:	18 500 kg
Länge:	5920 mm
Breite:	2830 mm
Höhe:	2680 mm
Motor:	Maybach HL 120 TR, 12-Zylinder-Benzinmotor
Hubraum:	11 870 ccm
Leistung kw/PS:	221/300
Leistungsgew.:	16,2 PS/t
Höchstgeschw.:	42 km/h (Straße) 20 km/h (Gelände)
Kraftstoffvorrat:	470 l
Fahrbereich:	230 km (Straße) 160 km (Gelände)
Besatzung:	5
Bewaffnung:	1 x 7,5-cm-KwK 37 L/24, 1 x 7,92-mm-MG 34
Panzerung:	8 - 30 mm
Furttiefe:	1 m

Ursprünglich war der PzKpfw. IV als schweres Unterstützungsfahrzeug gedacht, im Laufe des Krieges entwickelte er sich jedoch zum Rückgrat der Panzertruppe. Seine Konstruktion begann 1934 noch unter der Bezeichnung *Bataillonsführerwagen* bei Krupp. Die ersten 35 Exemplare der Ausf. A mit 7,5-cm-Kwk 37 L/24, zwei MG und einer Panzerung von 14,5 mm rundum wurden bis 1938 von Krupp ausgeliefert. Die Ausf. B besaß eine auf 30 mm verstärkte Panzerung im Frontbereich von Wanne und Turm. Allerdings fehlte der Ausf. B das Kugelblenden-MG in der Fahrerfront. Ein stärkerer Motor (Maybach HL 120 TR) sowie ein neues Getriebe (ZF SSG 76) erhöhten die Geschwindigkeit von 32 auf 42 km/h. Eine neu entwickelte Kommandantenkuppel erlaubte eine bessere Rundumsicht, und das Tankvolumen stieg auf insgesamt 470 Liter an. Insgesamt 42 Panzer IV Ausf. B verließen zwischen September 1938 und Oktober 1938 die Krupp-Werkshallen.

PzKpfw. IV Ausf. B des Pz.Rgt. 6 nach dem Polenfeldzug.

PzKpfw. IV Ausf. D und E Sd.Kfz. 161

Die Ausf. C wurde von September 1938 bis August 1939 gefertigt und war die erste in großen Stückzahlen (134) gebaute Version des Panzer IV. Hauptneuerung waren ein Notausstieg im Wannenboden sowie der Maybach HL 120 TRM Motor, der sämtliche weitere Varianten antreiben sollte. Ab September 1939 begann der Bau der Ausf. D. mit verstärkter Panzerung an Wannenseiten und Heck. Zudem wurde die Blende der KwK nun außerhalb des Turmes verlegt, verstärkt und mit einer Panzerung für das koaxiale MG versehen. Die Panzerplatte vor dem Funker erhielt wieder eine Kugelblende mit einem MG 34. Bis August 1940 wurden insgesamt 250 PzKpfw. IV Ausf. D gebaut, die oft eine 20 mm starke Zusatzpanzerung vor der Fahrerfront erhielten. Auf Basis der Ausf. C und D entstanden zudem in geringer Zahl Brückenleger, Tauchpanzer und Munitionsschlepper für den 60-cm-Mörser *Karl*. Bis zur Ausf. F2 kam es nur noch zu Detailänderungen am Panzer IV, insbesondere einer verstärkten Panzerung.

Typ:	mittlerer Panzerkampfwagen
Hersteller:	Krupp
Gefechtsgew.:	20 000 kg
Länge:	5920 mm
Breite:	2840 mm
Höhe:	2680 mm
Motor:	Maybach HL 120 TRM, 12-Zylinder-Benzinmotor
Hubraum:	11 870 ccm
Leistung kw/PS:	221/300
Leistungsgew.:	15 PS/t
Höchstgeschw.:	42 km/h (Straße) 20 km/h (Gelände)
Kraftstoffvorrat:	470 l
Fahrbereich:	200 km (Straße) 140 km (Gelände)
Besatzung:	5
Bewaffnung:	1 x 7,5-cm-KwK 37 L/24, 2 x 7,92-mm-MG 34
Panzerung:	10 bis 30 mm
Furttiefe:	1 m

PzKpfw. IV Ausf. D.

Grzegorz Jackowski

Panzer IV Ausf. E, Ostfront, 1941.

Panzer IV Ausf.D des Pz.Rgt.5 mit aufgeschraubter Zusatzpanzerung, Tobruk (Libyen), 1941.

PzKpfw. IV Ausf. F2 und G Sd.Kfz. 161/1

Die Leistung der mit der 7,5-cm-KwK L/24 ausgerüsteten PzKpfw. IV erwies sich bei der Begegnung mit T-34 und KW-1 als unzureichend. Ab März 1942 wurde daher die laufende Serie (Ausf. F) mit der langen 7,5-cm-KwK 40 L/43 ausgerüstet, die dann die Bezeichnung Ausf. F2 erhielt. Falls möglich, wurden auch frühe Fahrzeuge der Ausf. F1 mit der leistungsstärkeren Waffe nachgerüstet. Bereits im Mai 1942 folgte die Ausf. G., bei der die 50 mm starke Frontpanzerung mit zusätzlichen 30 mm starken Panzerplatten versehen sowie die Wannenseiten besser gepanzert wurden. Zudem erhielt die KwK eine neue Mündungsbremse. Im Laufe der Produktion wurden 5 mm starke Seiten- und 8 mm starke Turmschürzen, Nebelwurfbecher und die Option für sogenannte *Ostkette* eingeführt. Bei den letzten 412 Panzern der bis Juni 1943 gebauten Ausf. G kam bereits die längere Kwk 40 L/48 Einbau. Insgesamt entstanden rund 1700 Panzer IV der Ausf. G.

Typ:	mittlerer Panzerkampfwagen
Hersteller:	Krupp, Vomag, Nibelungenwerke
Gefechtsgew.:	23 600 kg
Länge:	6630 mm (mit Rohr)
Breite:	2880 mm (3350 mm mit Schürzen)
Höhe:	2680 mm
Motor:	Maybach HL 120 TRM, 12-Zylinder-Benzinmotor
Hubraum:	11 870 ccm
Leistung kw/PS:	221/300
Leistungsgew.:	12,7 PS/t
Höchstgeschw.:	38 km/h (Straße) 16 km/h (Gelände)
Kraftstoffvorrat:	320 l
Fahrbereich:	190 km (Straße) 130 km (Gelände)
Besatzung:	5
Bewaffnung:	1 x 7,5-cm-KwK 40 L/43, 2 x 7,92-mm-MG 34
Panzerung:	10 bis 50 mm (+ 30 mm)
Furttiefe:	1 m

PzKpfw. IV Ausf. G der rumänischen Streitkräfte.

PzKpfw. IV Ausf. F2, Aberdeen Proving Ground, Maryland, USA

Rechts – Dieser PzKpfw IV im Panzermuseum Munster verfügt über die Wanne und die KwK der Ausf. G, der Turm jedoch ist der einer Ausf. F2. (Ikeda Shinobu)

Unten – PzKpfw IV Ausf. G des Pz.Rgt. 7, Tunesien 1943.

Grzegorz Jackowski

PzKpfw. IV Ausf. H Sd.Kfz. 161/2

Typ:	mittlerer Panzerkampfwagen
Hersteller:	Krupp, Vomag, Nibelungenwerke
Gefechtsgew.:	25 000 kg
Länge:	7030 mm
Breite:	3350 mm (mit Schürzen)
Höhe:	2680 mm
Motor:	Maybach HL 120 TRM, 12-Zylinder-Benzinmotor
Hubraum:	11 870 ccm
Leistung kw/PS:	221/300
Leistungsgew.:	12 PS/t
Höchstgeschw.:	38 km/h (Straße) 19 km/h (Gelände)
Kraftstoffvorrat:	470 l
Fahrbereich:	180 km (Straße) 120 km (Gelände)
Besatzung:	5
Bewaffnung:	1 x 7,5-cm-KwK 40 L/48, 2 x 7,92-mm-MG 34
Panzerung:	10 bis 80 mm (+ Schürzen)
Furttiefe:	1 m

Die Ausf. H (ab Mai 1943) erhielt ein stärker gepanzertes Turmdach (bis 25 mm) und eine durchgehende Frontpanzerung von 80 mm Stärke. Schürzen und die Option, breitere Ost-Ketten für den Einsatz in Schnee und Schlamm aufzuziehen, wurden zum Standard.
Ab September 1943 erhielten die Panzer eine Zimmerit-Schicht, und auf der Kommandantenkuppel konnte ein Fla-MG befestigt werden. Bei der Ausf. J (April 1944 bis Kriegsende) entfiel das elektrische Turmschwenkwerk. Dafür erhielten die Fahrzeuge einen zusätzlichen Treibstofftank, der Fahrbereich stieg so auf 260 km. Ab September 1944 wurden aus Gewichtsgründen oft Schürzen aus Drahtgeflecht (Thoma-Schilde) angebracht. Die Ausf. H und J waren mit 3774 und 1758 Exemplaren (inklusive Befehls-, Beobachtungs- und Bergepanzer) die beiden meistgebauten Varianten des Panzer IV. Mit über 8500 gebauten Kampffahrzeugen aller Versionen war der Panzer IV der meist gebaute Panzer der Wehrmacht.

PzKpfw. IV Ausf. H mit Ostketten und Schürzen, Ostfront 1944.

PzKpfw. IV Ausf. H,
des Pz.Rgt.21,
Ostfront 1944.

Grzegorz Jackowski

Oben – PzKpfw. IV Ausf.H der 2. Pz.Div., Pont-Farcy (Normandie), Anfang August 1944. (NARA, via Conseil Régional de Basse-Normandie)

Unten – Von der US Army erbeutete PzKpfw. IV Ausf. H, Normandie August 1944. (NARA)

Oben – Ein fabrikneuer PzKpfw. IV Ausf. H.

Unten – PzKpfw. IV Ausf. J mit Thoma-Schilden und Zimmerit-Belag.

PzKpfw. P-40 (i)

Nach der Kapitulation Italiens im September 1943 fielen der Wehrmacht im Rahmen der Operation *Achse* große Mengen italienischer Ausrüstung und Fahrzeuge in die Hand. Zudem befanden sich die wichtigen Rüstungsfirmen im Norden des Landes und somit unter Kontrolle der Wehrmacht, welche die dort in Produktion befindlichen Panzerfahrzeuge für ihre Zwecke weiterbauen ließ, darunter auch den Carro Pesante P26/40 der Firma Ansaldo. Das von der Wehrmacht kurz P 40 genannte Fahrzeug war im Herbst 1943 der modernste italienische Panzer und wurde einem PzKpfw. IV mit 50 mm Panzerung im Kampfwert gleichgesetzt. Insgesamt baute Ansaldo rund 100 P-40 unter deutscher Ägide, von denen viele jedoch ohne Antrieb blieben, da es große Schwierigkeiten mit dem Dieselmotor des Panzers gab. Neben einigen Wagen, die etwa bei Anzio zum Einsatz kamen, wurden daher 38 P-40 ohne Motor als ortsfeste Verteidigungsstellungen eingegraben.

Typ:	Mittlerer Panzerkampfwagen
Hersteller:	Ansaldo
Gefechtsgew.:	26 000 kg
Länge:	5800 mm
Breite:	2800 mm
Höhe:	2520 mm
Motor:	SPA 342, 12-Zylinder-Dieselmotor
Hubraum:	24 330 ccm
Leistung kw/PS:	243/330
Leistungsgew.:	12,7 PS/t
Höchstgeschw.:	40 km/h (Straße) 25 km/h (Gelände)
Kraftstoffvorrat:	k.A
Fahrbereich:	280 km (Straße)
Besatzung:	4
Bewaffnung:	1 x 7,5-cm-Kanone L/34, 1 bis 2 x 8-mm-MG
Panzerung:	14 bis 50 mm
Furttiefe:	1 m

Von den zahlreichen ab Herbst 1943 auf Seiten der deutschen Streitkräfte eingesetzten italienischen Typen war der PzKpfw. P-40 (i) der modernste und potentiell wirkungsvollste.

PzKpfw. T-34 (r)

Typ:	mittlerer Panzerkampfwagen
Hersteller:	Staatsbetriebe der UdSSR
Gefechtsgew.:	28 000 kg
Länge:	6750 mm (mit Rohr)
Breite:	3000 mm
Höhe:	2650 mm
Motor:	W-2-34, 12-Zylinder-Dieselmotor
Hubraum:	38 900 ccm
Leistung kw/PS:	386/500
Leistungsgew.:	17,9 PS/t
Höchstgeschw.:	55 km/h (Straße) 25 km/h (Gelände)
Kraftstoffvorrat:	550 l
Fahrbereich:	270 km (Straße) 210 km (Gelände)
Besatzung:	4
Bewaffnung:	1 x 7,62-cm-Kanone F-34 L/41, 2 x 7,62-mm-MG
Panzerung:	20 bis 67 mm
Furttiefe:	1,3 m

Der T-34 setzte 1941 neue Maßstäbe im Bezug auf Panzerschutz, Feuerkraft und Beweglichkeit. Allerdings wurden diese Panzer zunächst von mechanischen Problemen geplagt und unklug eingesetzt, so dass ihre Überlegenheit nicht voll zur Geltung kam. Im Laufe der Kämpfe an der Ostfront fielen immer wieder T-34 in deutsche Hände und waren als Beutestücke sehr begehrt. Mit provisorischen, oft übergroßen Balkenkreuzen versehen, um Verwechselungen zu vermeiden, wurden sie in deutsche Einheiten eingegliedert. Oft jedoch nur so lange, wie Ersatzteile vorhanden waren. Teils wurden die Fahrzeuge jedoch auch auf deutsche Kommandantenkuppeln, Funkgeräte usw. umgerüstet und längerfristig verwendet, z.B. für Sicherungsaufgaben im Hinterland. T-34 ohne Turm dienten auch als Bergeschlepper, und soweit bekannt, wurde mindestens ein Exemplar mit einem 2-cm-Flakvierling ausgerüstet.

Rechts – Soldaten der Wehrmacht untersuchen während der Anfangstage des Überfalles auf die UdSSR einen liegengebliebenen T-34 der Roten Armee.

Ein von der Wehrmacht im Sommer 1943 erbeuteter T-34/76 M1942/43.

Vincent Bourguignon

Typ:	mittlerer Panzerkampfwagen
Hersteller:	Daimler-Benz
Gefechtsgew.:	34 000 kg
Länge:	6000 mm
Breite:	3200 mm
Höhe:	2690 mm
Motor:	Maybach HL 210 P 45 TRM, 12-Zylinder-Benzinmotor
Hubraum:	21 350 ccm
Leistung kw/PS:	478/650
Leistungsgew.:	19,1 PS/t
Höchstgeschw.:	56 km/h (Straße)
Kraftstoffvorrat:	k.A
Fahrbereich:	200 km (Straße)
Besatzung:	5
Bewaffnung:	1 x 7,5-cm-KwK 42 L/70, 2 x 7,92-mm-MG 34
Panzerung:	10 bis 80 mm
Furttiefe:	k.A

VK 3002 (DB)

Die Konfrontation mit dem T-34 war für die Wehrmacht ein regelrechter Schock. Das Heereswaffenamt ließ daher erbeutete T-34 untersuchen und beauftragte Ende November 1941 MAN und Daimler-Benz mit der Entwicklung eines neuen mittleren Kampfpanzers. Der als VK 3002 bezeichnete Daimler-Benz Entwurf wies erstaunliche Ähnlichkeiten mit dem T-34 auf. Wie bei seinem Vorbild saß der Turm sehr weit vorn auf der Wanne, und als Antrieb war ein Dieselmotor mit Kraftübertragung auf die hinten liegenden Treibräder vorgesehen.

Typ:	mittlerer Panzerkampfwagen
Hersteller:	Daimler-Benz, Henschel, MAN, MNH
Gefechtsgew.:	44 000 kg
Länge:	8650 mm (mit Rohr)
Breite:	3270 mm
Höhe:	2950 mm
Motor:	Maybach HL 230 P 30, 12-Zylinder-Benzinmotor
Hubraum:	23 880 ccm
Leistung kw/PS:	512/700
Leistungsgew.:	15,9 PS/t
Höchstgeschw.:	46 km/h (Straße) 24 km/h (Gelände)
Kraftstoffvorrat:	720 l
Fahrbereich:	160 km (Straße) 100 km (Gelände)
Besatzung:	5
Bewaffnung:	1 x 7,5-cm-KwK 42 L/70, 2 x 7,92-mm-MG 34
Panzerung:	16 bis 100 mm
Furttiefe:	1,7 m

PzKpfw. V Ausf. D Sd.Kfz. 171 *Panther*

Im Herbst 1942 lieferte MAN die ersten beiden Prototypen aus, und ab Januar 1943 begann die Produktion des Ausf. D genannten ersten Seriemodells. Der *Panther* getaufte MAN-Entwurf wies wie der T-34 stark geneigt Flächen zur Geschossablenkung auf, verfügte jedoch über einen Benzinmotor sowie die im deutschen Panzerbau damals übliche Kraftübertragung auf vorn liegende Treibräder. Er war wesentlich größer und schwerer als sein Gegner geraten. Das Schachtellaufwerk mit Torsionsstabfederung sorgte zwar für einen ruhigen Lauf, war aber recht komplex und blockierte öfter in Schlamm und Schnee. Das Debüt bei Kursk im Juli 1943 war kein Erfolg, denn die ersten

Vincent Bourguignon

Die waren zugleich jedoch auch die Schwachstellen des Entwurfes, da die lange 7,5-cm-KwK 42 L/70 so einen viel zu weiten Überhang gehabt hätte und der DB-Dieselmotor sich noch in Entwicklung befand, weshalb der Prototyp mit einem Maybach HL 210 ausgerüstet wurde. Da der neue Panzer jedoch möglichst bald in Produktion gehen sollte, wurde im Mai 1942 der MAN-Entwurf ausgewählt, der eine raschere Serienreife versprach.

Grzegorz Jackowski

Panther plagten aufgrund der überhasteten Entwicklung noch viele Kinderkrankheiten. Insbesondere Getriebe und Laufwerk versagten, viele brachen schon auf dem Weg zur Front zusammen. Bis September 1943 wurden insgesamt 850 *Panther* der Ausf. D gebaut.

Links oben – PzKpfw. V Ausf. D des Pz.Rgt. 2 der SS-Pz.Div. Das Reich, *Frankreich 1944.*

Rechts oben – PzKpfw. V Ausf. D, des Pz.Rgt.9 der SS-Pz.Div. Hohenstaufen, *Normandie 1944.*

PzKpfw. V Ausf. D mit Kommandantenkuppel der Ausf. A im Panzermuseum Thun, Schweiz.

(Clement Dominik/CCbySA 2.5)

Typ:	mittlerer Panzerkampfwagen
Hersteller:	Daimler-Benz, Henschel, MAN, MNH
Gefechtsgew.:	45 500 kg
Länge:	8650 mm (mit Rohr)
Breite:	3270 mm (3350 mm mit Schürzen)
Höhe:	2950 mm
Motor:	Maybach HL 230 P 30 TRM, 12-Zylinder-Benzinmotor
Hubraum:	23 880 ccm
Leistung kw/PS:	512/700
Leistungsgew.:	15,4 PS/t
Höchstgeschw.:	46 km/h (Straße) 24 km/h (Gelände)
Kraftstoffvorrat:	720 l
Fahrbereich:	160 km (Straße) 100 km (Gelände)
Besatzung:	5
Bewaffnung:	1 x 7,5-cm-KwK 42 L/70, 2 x 7,92-mm-MG 34
Panzerung:	16 bis 100 mm
Furttiefe:	1,7 m

PzKpfw. V Ausf. A Sd.Kfz. 171 *Panther*

Die seltsamerweise als Ausf. A bezeichnete Nachfolgevariante der Ausf. D ging ab August 1943 in Serie und wies aufgrund der Erfahrungen mit der Ausf. D eine ganze Reihe von Modifikationen auf. So wurden Motorkühlung und Getriebe bzw. Kraftübertragung verbessert und das Fahrwerk verstärkt. Zusätzlich erhielten Panzer der Ausf. A (wie bereits die letzten Modelle der Ausf. D) eine neue, besser geschützte Kommandantenkuppel mit Winkelspiegeln, eine neue Zieloptik, Schürzen und einen Zimmerit-Anstrich. Der Funker verfügte nun über ein MG in Kugelblende. Im Zuge von Produktionsvereinfachungen entfielen diverse MP-Öffnungen am Turm. Die Ausf. A war ein wesentlich ausgereifteres Fahrzeug als die Ausf. D und trotz des Mankos einer recht geringen Seitenpanzerung (40 mm) den meisten anderen Panzern überlegen. Bis Juli 1944 entstanden insgesamt rund 2200 Panther Ausf. A.

PzKpfw. V Ausf. A mit fehlender Mündungsbremse des schwedischen Panzermuseums in Axvall. (Pansarmuseet)

Grzegorz Jackowski

Oben – Die PzBefWg. V, die diese Ausf. A der 1. SS-Pz.Div. Leibstandarte Adolf Hitler *(Frankreich 1944) unterschieden sich nur durch ihre umfangreichere Funk- und Antennenausstattung – für die der Munitionsvorrat der KwK verringert wurde – von anderen* Panthern.

Mitte – PzKpfw. V Ausf. A im Panzermuseum Munster.

Unten – PzBefwg. V Ausf. A.

PzKpfw. V Ausf. G Sd.Kfz. 171 *Panther*

Typ:	mittlerer Panzerkampfwagen
Hersteller:	Daimer-Benz, Henschel, MAN, MNH
Gefechtsgew.:	44 800 kg
Länge:	8650 mm (mit Rohr)
Breite:	3270 mm (3350 mm mit Schürzen)
Höhe:	2950 mm
Motor:	Maybach HL 230 P 30 TRM, 12-Zylinder-Benzinmotor
Hubraum:	23 880 ccm
Leistung kw/PS:	512/700
Leistungsgew.:	15,6 PS/t
Höchstgeschw.:	46 km/h (Straße) 24 km/h (Gelände)
Kraftstoffvorrat:	720 l
Fahrbereich:	160 km (Straße) 100 km (Gelände)
Besatzung:	5
Bewaffnung:	1 x 7,5-cm-KwK 42 L/70, 2 x 7,92-mm-MG 34
Panzerung:	16 bis 110 mm
Furttiefe:	1,7 m

Ob wohl die Fertigung der Ausf. A noch lief, wurde ab März 1944 bereits die Ausf. G hergestellt. Ihr Kennzeichen war die jetzt stärker gepanzerte (50 mm), aber weniger geneigte Wannenoberseite, was die Produktion vereinfachte. Um Gewicht zu sparen, wurde zugleich die Panzerung des Wannenbodens reduziert. Der Fahrer erhielt drehbare Winkelspiegel, wodurch die Öffnung für die Fahrersehklappe in der Frontplatte der Wanne entfiel, was dieser mehr Stabilität verlieh. Im Laufe der Produktion folgten weitere Veränderungen, so wurde die untere Turmblende umgestaltet, um Abpraller, die das Wannendach durchschlagen konnten, zu vermeiden. Das Laufwerk wurde auf Ganz-

PzKpfw. V Sd.Kfz. 171 *Panther II*

Typ:	mittlerer Panzerkampfwagen
Hersteller:	MAN
Gefechtsgew.:	53 000 kg
Länge:	6870 mm
Breite:	3270 mm
Höhe:	3100 mm
Motor:	Maybach HL 230 P 30 TRM, 12-Zylinder-Benzinmotor
Hubraum:	23 880 ccm
Leistung kw/PS:	512/700
Leistungsgew.:	13,2 PS/t
Höchstgeschw.:	46 km/h (Straße) 24 km/h (Gelände)
Kraftstoffvorrat:	720 l
Fahrbereich:	k.A
Besatzung:	5
Bewaffnung:	1 x 7,5-cm-KwK 42 L/70 oder 1 x 8,8-cm-KwK 43 L/71, 2 x 7,92-mm-MG 34
Panzerung:	16 bis 120 mm
Furttiefe:	1,7 m

Bereits Ende 1942 hatte das Heereswaffenamt Zweifel, ob die Panzerung des neuen *Panther* (Wannenfront 80 mm, Seiten 40 mm) den zu erwartenden neuen sowjetischen Modellen gewachsen sein würde. Daher begannen im Frühjahr 1943 die Arbeiten an einer verbesserten, stärker gepanzerten (Front 100 mm, Seiten 60 mm) Version. Zudem wurde ein Höchstmaß an austauschbaren Komponenten, wie z.B. Laufwerksteile, Laufräder, Kette, Getriebe und Antrieb, mit dem zeitgleich entwickelten *Tiger II* angestrebt.
Als Bewaffnung war zunächst die 7,5-cm-42 L/70 des *Panther* vorgesehen, schließlich

PzKpfw. V Ausf. G, Aberdeen Proving Ground, Maryland (USA).

Ein abgeschossener Panther *Ausf. G wird von der Soldaten der US Armee geborgen, Deutschland, Anfang 1945.* (NARA)

stahl-Laufrollen mit Gummieinlage umgestellt sowie Abgasanlage und Motorraumabdeckung verändert. Bei Kriegende liefen Versuche, den *Panther* mittels Infrarotgeräten nachtkampffähig zu machen. Insgesamt verließen bis Mai 1945 noch 2953 Panther Ausf. G die Werkshallen. Zum Serienbau der verbesserten Ausf. F mit Schmalturm kam es nicht mehr.

Vincent Bourguignon

entschied sich das Heereswaffenamt aus Gründen der Standardisierung jedoch für die auch im *Tiger II* verwendete 8,8-cm-KwK 43 L/71 mit Topf- bzw. Saukopfblende, allerdings ohne Mündungsbremse. Zwar wurde eine Prototypen-Wanne des *Panther II* fertiggestellt, zu einer Serienfertigung kam es jedoch nicht.

PzKpfw. V und VI Neubaufahrzeug

Typ:	schwerer Panzerkampfwagen
Hersteller:	Krupp (NbFz. VI)
Gefechtsgew.:	23 400 kg
Länge:	6650 mm (mit Rohr)
Breite:	2900 mm
Höhe:	2900 mm
Motor:	Maybach HL 108 TR, 12-Zylinder-Benzinmotor
Hubraum:	23 880 ccm
Leistung kw/PS:	213/290
Leistungsgew.:	12,4 PS/t
Höchstgeschw.:	30 km/h (Straße)
Kraftstoffvorrat:	457 l
Fahrbereich:	120 km (Straße)
Besatzung:	5
Bewaffnung:	1 x 10,5-cm-KwK, 1 x 3,7-cm KwK L/46,5, 5 x 7,92-mm-MG 13
Panzerung:	13 bis 20 mm
Furttiefe:	k.A

Nach ersten geheimen Versuchen mit den *Großtraktor*-Prototypen, die unter Umgehung des Versailler Vertrages Ende der 1920er und Anfang der 1930er Jahre in der UdSSR stattgefunden hatten, begann bei Rheinmetall und Krupp Ende 1932 die Entwicklung eines weiteren schweren Panzers, der zur Tarnung als *Neubaufahrzeug* (NbFz.) bezeichnet wurde. Die Prototypen beider Firmen verwendeten im Grunde das gleiche Laufwerk und unterschieden sich vor allem aufgrund ihrer Bewaffnung. Krupp baute drei Panzer (NbFz. VI) mit einer 10,5-cm-Kanone und koaxialer 3,7-cm-Waffe im Hauptdrehturm sowie zwei kleinen MG-Drehtürmen. Die beiden Rheinmetall-Panzer (NbFz. V) verfügten über eine Waffe des Kalibers 7,5 cm, die übrige Bewaffnung war identisch. Beide Entwürfe waren stark von zeitgenössischen britischen und sowjetischen Panzerentwürfen mit mehreren Türmen beeinflusst. Das weitere Schicksal der fünf Panzer ist recht verworren, sicher ist aber, dass die drei Krupp-Typen 1940 bei der Besetzung Norwegens verwendet wurden.

Propagandaaufnahme der drei NbFz. VI während der Besetzung Norwegens 1940.

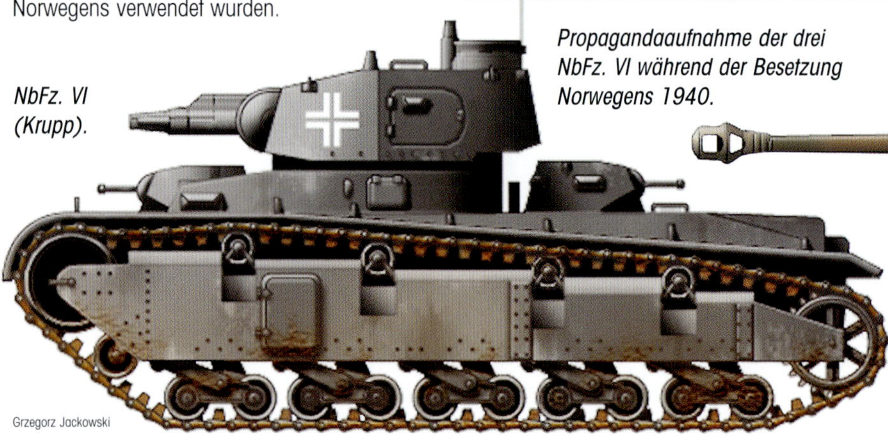

NbFz. VI (Krupp).

Grzegorz Jackowski

VK 4501 (P)

Typ:	schwerer Panzerkampfwagen
Hersteller:	Porsche
Gefechtsgew.:	59 000 kg
Länge:	9340 mm (mit Rohr)
Breite:	3140 mm
Höhe:	2800 mm
Motor:	2 x Porsche 101/1, 10-Zylinder-Benzinmotor
Hubraum:	je 15 060 ccm
Leistung kw/PS:	471/640
Leistungsgew.:	10,8 PS/t
Höchstgeschw.:	35 km/h (Straße)
Kraftstoffvorrat:	520 l
Fahrbereich:	80 km (Straße)
Besatzung:	5
Bewaffnung:	1 x 8,8-cm-KwK 36 L/56, 2 x 7,92-mm-MG 34
Panzerung:	20 bis 100 mm
Furttiefe:	1 m

Im Mai 1941 erhielten Porsche und Henschel den Auftrag einen neuen schweren Panzer (VK 4501) zu entwerfen, der mit einer modifizierten 8,8-cm-Flak bewaffnet sein sollte. Am 20. April 1942 stellen beide ihre Entwürfe vor. Der Porsche Prototyp VK 4501 (P) mit benzinelektrischem Antrieb war technisch hoch interessant. Dabei erzeugten zwei Benzinmotoren, die mit je einem Generator gekoppelt waren, die notwendige Elektrizität, um zwei 230 kW Elektromotoren zu betreiben, die ihre Leistung direkt auf die hinten liegenden Treibräder übertrugen. Das ersparte ein Getriebe. Allerdings versagt der VK 4501 (P) bei der Vorführung, und der Henschel-Prototyp wurde zur Produktion ausgewählt. Porsche hatte jedoch siegesgewiss bereits über 90 Fahrzeuge bauen lassen. Die meisten davon wurden später zu Selbstfahrlafetten umgebaut, ein *Tiger (P)* kam allerdings als Befehlspanzer zur s.Pz.Jg.Abt. 653 an die Ostfront.

PzBefWg. Tiger (P) der schweren Panzerjäger Abteilung 654, Russland, Ende 1942.

Vincent Bourguignon

Kpfw. VI Ausf. E Sd.Kfz. 181 Tiger

Bereits im August 1942 begann die Serienfertigung des von Henschel entworfenen *Tiger,* ein für die damalige Zeit erstaunlicher Entwurf. Neben zahlreichen technischen Neuerungen wie z.B. einem Schachtellaufwerk mit Torsionsstabfederung, Tiefwatfähigkeit bis 4 m, halbautomatischem Vorwählgetriebe und einer Feuerlöschanlage im Motorraum, beeindruckte er durch schiere Größe und Masse.
Eine frontal bis zu 100 mm und seitlich 80 mm starke Panzerung sorgten für ein Gewicht von 55 000 kg – was zugleich auch der schwerwiegendste Nachteil des Panzers darstellte. Sowohl der zunächst eingebaut Maybach HL 210 P 45 mit 650 PS als auch der ab dem 250. *Tiger* verwendete Maybach HL 230 P 45 mit 700 PS waren im Grunde genommen zu schwach. Die aufgrund des hohen Gewichtes notwendigen 725 mm breiten Ketten mussten zum Bahntransport durch 520 mm breite Transportketten ersetzt werden, was zeitraubend und mühsam war. Der erste

Ein 1943 von der US Armee in Tunesien erbeuteter Tiger *der s.Pz. Abt.. 501.* (NARA)

Grzegorz Jackowski

PzKpfw. VI Ausf. E der 101. schweren SS Pz.Abt., Normandie 1944.

Einsatz des neuen Panzers erfolgte am 29. August 1942 nahe Leningrad und endete in einem Debakel, weil alle vier beteiligten *Tiger* sich festfuhren oder verloren gingen. Die überhastete Entwicklung führte zu mechanischer Unzuverlässigkeit, und es musste zudem erst noch die entsprechende Taktik zum richtigen Einsatz des schweren Panzers ersonnen werden.

Als diese Schwächen ausgemerzt waren, erwies sich der gut 55 Tonnen schwere Panzer als gefürchtete Waffe. Auch wenn seine Panzerung nicht wie die des T-34 abgeschrägt war, konnte sie doch den meisten Geschossen widerstehen. Die 8,8-cm-KwK 36 durchschlug im Gegenzug die Panzerung des T-34/76 schon auf über 1,5 km Entfernung. Obschon es offiziell nur eine *Tiger*-Version gab, wurde im Laufe der rund zwei Jahre andauernden Produktion immer wieder Verbesserungen und Veränderungen eingeführt.

Aufgrund ihrer Modifikationen lassen sich die Fahrzeuge in drei Produktionsmodelle einteilen: früh, mittel und spät. So unterscheiden sich bei den drei Serien z.B. die Zieloptiken. Ab September 1943 erhielten die meisten Tiger einen Zimmerit-Anstrich, und gegen Ende jenes Jahres wurde eine neue, gegossene Kommandantenkuppel eingeführt. Ab Februar 1944 wurden Ganzstahl-Laufrollen mit Gummieinlage verwendet. Instandgesetzte Tiger wurden oft mit neueren Komponenten nachgerüstet, so dass es häufig zu Mischvarianten kam. Nach 1355 *Tigern* endete bei Henschel im August 1944 die Produktion.

Typ:	schwerer Panzerkampfwagen
Hersteller:	Henschel
Gefechtsgew.:	55 000 kg
Länge:	8240 mm (mit Rohr)
Breite:	3550 mm (3730 mm mit Schürzen)
Höhe:	288 mm
Motor:	Maybach HL 230 P 45, 12 Zylinder -Benzinmotor
Hubraum:	23 880 ccm
Leistung kw/PS:	515/700
Leistungsgew.:	12,3 PS/t
Höchstgeschw.:	38 km/h (Straße) 20 km/h (Gelände)
Kraftstoffvorrat:	543 l
Fahrbereich:	90 km (Straße) 60 km (Gelände)
Besatzung:	5
Bewaffnung:	1 x 8,8-cm-KwK 36 L/56, 2 x 7,92-mm-MG 34
Panzerung:	20 bis 110 mm
Furttiefe:	1,2 m

Links oben – PzKpfw. VI der s.Pz.Abt. 501 in Tunesien.

Links unten – Pzkpfw. VI einer unbekannten Einheit, Ostfront.

Rechts oben – PzKpfw. VI (frühe Ausf.) der s.Pz.Abt.503, Rostow (Ukraine), Januar 1943.

Rechts unten – Das Panzermuseum der britischen Armee in Bovington verfügt über einen der wenigen fahrbereiten Tiger.

Grzegorz Jackowski

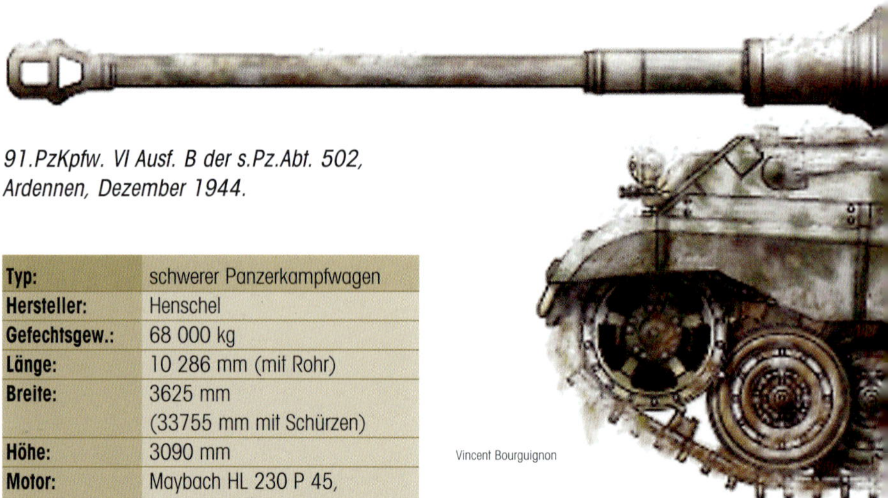

91.PzKpfw. VI Ausf. B der s.Pz.Abt. 502, Ardennen, Dezember 1944.

Vincent Bourguignon

Typ:	schwerer Panzerkampfwagen
Hersteller:	Henschel
Gefechtsgew.:	68 000 kg
Länge:	10 286 mm (mit Rohr)
Breite:	3625 mm (33755 mm mit Schürzen)
Höhe:	3090 mm
Motor:	Maybach HL 230 P 45, 12 Zylinder -Benzinmotor
Hubraum:	23 880 ccm
Leistung kw/PS:	515/700
Leistungsgew.:	10,3 PS/t
Höchstgeschw.:	38 km/h (Straße) 17 km/h (Gelände)
Kraftstoffvorrat:	860 l
Fahrbereich:	120 km (Straße) 80 km (Gelände)
Besatzung:	5
Bewaffnung:	1 x 8,8-cm-KwK 43 L/71, 2 x 7,92-mm-MG 34
Panzerung:	25 bis 185 mm
Furttiefe:	1,6 m

PzKpfw. VI Ausf. B Sd.Kfz. 182 *Tiger II*

Bereits im Herbst 1942 vergab das Heereswaffenamt Aufträge zur Entwicklung eines Nachfolgers des *Tigers*. Das Nachfolgemodell sollte eine günstigere Formgebung und die exzellente 8,8-cm-Kwk 43 L/71 besitzen. Wieder konkurrierten Porsche und Henschel,

und erneut war sich Porsche seines Sieges so sicher, dass er schon mit der Produktion von Panzertürmen begann. Das Heereswaffenamt entschied sich jedoch wiederum für den Henschel-Entwurf, die Porschetürme (zu erkennen an der runden Turmfront) wurden daher in den ersten 50 Henschel-Fahrzeugen verbaut, die ab Dezember 1943 in Produktion gingen. Der *Tiger II* verfügte über eine überaus massive, günstig geneigte Panzerung sowie eine der durchschlagfähigsten Panzerkanonen des 2. Weltkrieges. Zugleich war er jedoch auch extrem schwer, unbeweglich und mechanisch unzuverlässig. Dennoch erwarb sich auch der *Tiger II* aufgrund seiner Kampfstärke einen beinahe legendären Ruf. Nur 489 *Tiger II* wurden bis Kriegsende gebaut.

Links unten – Die ersten 50 Serienfahrzeuge des Tiger II erhielten den von Porsche entworfenen Turm, erkennbar an der runden Front.

Unten – Ein während der Ardennenoffensive von der US-Armee erbeuteter PzKpfw. VI Ausf. B. (NARA)

PzKpfw. VIII *Maus*

Typ:	überschwerer Panzerkampfwagen
Hersteller:	Alkett, Krupp
Gefechtsgew.:	188 000 kg
Länge:	10 090 mm (mit Rohr)
Breite:	3640 mm
Höhe:	3660 mm
Motor:	Daimler-Benz MB 509 oder MB 517, 12 Zylinder-Benzin, oder Dieselmotor
Hubraum:	44 500 ccm
Leistung kw/PS:	794/1080 bzw. 883/1200
Leistungsgew.:	5,7 – 6,4PS/t
Höchstgeschw.:	20 km/h (Straße), 12 km/h (Gelände)
Kraftstoffvorrat:	2700 l + 1500 l extern
Fahrbereich:	200 km (Straße), 100 km (Gelände)
Besatzung:	5
Bewaffnung:	geplant 15-cm-KwK 44 L/38 (stattdessen 1 x 12,8-cm-KwK 44 L/55 eingebaut), 1 x 7,5-cm-KwK 44 L/36,5 koaxial, 2 x 7,92-mm-MG 34
Panzerung:	50 bis 250 mm
Furttiefe:	8 m

Im Juni 1942 erteilte Hitler Prof. Porsche den Auftrag zur Entwicklung eines überschweren Kampfpanzers, für den Porsche Anfang 1943 erste Entwürfe vorlegte. Porsches Entwurf sollte wiederum einen benzin-elektrischen Antrieb erhalten und mit einer 15-cm-KwK 44 L/38 sowie einer koaxialen 7,5-cm-KwK 44 L/36,5 bewaffnet sein. Die Panzerung sollte bis zu 250 mm stark sein, was das Gewicht des *Maus* genannten Panzers auf rund 188.000 kg gebacht hätte. Selbst der geplante 1080 PS starke DB-Motor wäre mit diesem Gewicht überfordert gewesen. Um den Bodendruck des Fahrzeuges in Grenzen zu halten, hatte jede Kette eine Breite von 1.100 mm. Da das hohe Gewicht Brücken überfordert hätte, war der Panzer bis zu 8 m tiefwatfähig. Alkett erhielt den Auftrag zum Bau von mindestens sechs Prototypen, der Auftrag für den Turm ging an Krupp. Bis Mai 1945 waren aufgrund der Kriegslage jedoch nur zwei Prototypen fertiggestellt. Einer dieser beiden kann heute im Panzermusen Kubinka in Russland besichtigt werden.

Der zweite Prototyp der Maus *während der Erprobung auf dem Heeresversuchsgelände in Kummersdorf.*

Vincent Bourguignon

Die 1945 von den Briten in Haustenbeck vorgefundene Wanne des E-100. (IWM)

E-100

Die ab 1942 projektierte E-Serie von Kampffahrzeugen reichte vom 5-t-Kleinstpanzer bis hin zum 140-t-Koloss. Dabei sollte unter allen Fahrzeugen ein Höchstmaß an Standardisierung und Austauschbarkeit von Komponenten bestehen. Eines der Projekte war der E-100, den man durchaus als Henschels Konkurrenzentwurf zur *Maus* betrachten kann. Der E-100 war im Aufbau konventioneller als das Porsche-Projekt, sollte jedoch den gleichen bei Krupp entwickelten Turm erhalten. Obwohl Henschel bereits 1943 mit Entwurf und Bau eines Prototypen begonnen hatte, war bei Kriegsende erst eine Wanne mit Laufwerk teilweise fertiggestellt. Diese wurde auf dem Erprobungsplatz Haustenbeck bei Paderborn von britischen Truppen erbeutet und nach Großbritannien gebracht, wo sie untersucht und schließlich verschrottet wurde.

Typ:	schwerer Panzerkampfwagen
Hersteller:	Henschel
Gefechtsgew.:	140 000 kg
Länge:	10 270 mm (mit Rohr)
Breite:	4480 mm
Höhe:	3320 mm
Motor:	Maybach HL 234, 12 Zylinder-Benzinmotor
Hubraum:	23 100 ccm
Leistung kw/PS:	588/800
Leistungsgew.:	5,7 PS/t
Höchstgeschw.:	20 km/h (Straße) 10 km/h (Gelände)
Kraftstoffvorrat:	1200 l
Fahrbereich:	170 km (Straße)
Besatzung:	5
Bewaffnung:	15-cm-KwK 44 L/38 oder 1 x 12,8-cm-KwK 44 L/55, 1 x 7,5-cm-KwK 44 L/36,5 koaxial, 2 x 7,92-mm-MG 34
Panzerung:	40 bis 240 mm
Furttiefe:	k.A

Typ:	Panzerjäger-Selbstfahrlafette
Hersteller:	Alkett, Škoda
Gefechtsgew.:	6400 kg
Länge:	4420 mm
Breite:	2060 mm
Höhe:	2250 mm
Motor:	Maybach NL 38 TR, 6-Zylinder-Benzinmotor
Hubraum:	3790 ccm
Leistung kw/PS:	73/100
Leistungsgew.:	15,6 PS/t
Höchstgeschw.:	40 km/h (Straße)
Kraftstoffvorrat:	146 l
Fahrbereich:	170 km (Straße) 120 km (Gelände)
Besatzung:	3
Bewaffnung:	1 x 4,7-cm-Pak 36 (t) L/43
Panzerung:	6 bis 14,5 mm
Furttiefe:	0,58 m

4,7-cm-Pak (t) (Sf) auf PzKpfw. I Ausf. B

Sd.Kfz. 101

Panzerjäger I

Von März 1940 bis Februar 1941 wurden insgesamt 202 Panzerjäger dieses Typs produziert, 132 bei Alkett und 70 bei Škoda. Dazu setzte man die hervorragende tschechische

Obgleich nur ein Behelf, bewährte sich der Jagdpanzer I durchaus, vor allem dank der leistungsstarken tschechischen 4,7-cm-Pak.

Panzerjäger I *der Pz.Jg. Abt der SS-Pz.Gren.Div.* Leibstandarte Adolf Hitler, *Frankreich 1942.*

Grzegorz Jackowski

4,7-cm Pak 36 (t) L/43 auf die Wanne eines Pz.Kpfw. I Ausf. B und umgab das Ganze auf drei Seiten mit einem bis zu 14,5 mm starken Panzeraufbau, der jedoch hinten und oben offen war. Diese Aufbauten unterschieden die von Alkett (fünfeckig) und Škoda (siebeneckig) gebauten Fahrzeuge.
Umbauten auf Basis der Ausf. A kamen aufgrund der mangelnden Motorleistung und geringeren Größe nicht in Frage. Bei einigen wenigen Fahrzeugen kam auch die 3,7-cm-Pak 35/36 L/45 zum Einbau. Während des Frankreichfeldzuges, in Nordafrika und der ersten Zeit in Russland erwies sich der Panzerjäger I als durchaus kampfkräftig. Stieß er jedoch auf den T-34, KW-1 oder KW-2, war die 4,7-cm-Pak zu schwach. Daher wurde er ab 1942 von der Ostfront abgezogen. In Afrika blieb der *Panzerjäger I* allerdings bis 1943 recht erfolgreich.

Panzerjäger I *der Pz.Jg.Abt.605, Libyen,1942.*

Grzegorz Jackowski

4,7-cm-Pak (t) (Sf) auf PzKpfw. 35 R (f)

Typ:	Panzerjäger-Selbstfahrlafette
Hersteller:	Renault, Umbau Alkett
Gefechtsgew.:	11 000 kg
Länge:	4300 mm (mit Rohr)
Breite:	1870 mm
Höhe:	2110 mm
Motor:	Renault, 4-Zylinder-Benzinmotor
Hubraum:	5878 ccm
Leistung kw/PS:	60/82
Leistungsgew.:	7,5 PS/t
Höchstgeschw.:	20 km/h (Straße)
Kraftstoffvorrat:	168 l
Fahrbereich:	130 km (Straße)
Besatzung:	3
Bewaffnung:	1 x 4,7-cm-Pak 36 (t) L/43
Panzerung:	Wanne 14 bis 40 mm Aufbau 20 bis 25 mm
Furttiefe:	0,5 m

Grundlage dieser Pak-Selbstfahrlafette war der Renault R-35, von dem die französische Armee 1940 über 1600 Stück im Einsatz hatte. Rund 800 dieser mit zwei Mann besetzten Panzer zur Infanterieunterstützung (Bewaffnung 1 x 3,7-cm-Kanone, 1 x 7,5-mm-MG, Panzerung max. 45 mm) wurden von der Wehrmacht erbeutet. Nach geringfügigen Modifikationen wie Veränderungen an den Kommandantenkuppeln und dem Einbau deutscher Funkgeräte wurden die Panzer vor allem für Sicherungs- und Ausbildungsaufgaben verwendet. Ohne Turm kamen R-35 auch als Artillerie- und Munitionsschlepper zum Einsatz. Von Mai bis Oktober 1941 baute Alkett auf Basis des R-35 unter Verwendung der 4,7-cm-Pak 36 (t) 174 Panzerjäger und 26 Befehlsfahrzeuge. Dazu wurden auf die Wannen der R-35 oben offene Aufbauten gesetzt, deren Stärke vorn 25 und seitlich sowie hinten 20 mm betrug. Ein Einbau der 5-cm-Pak 38 war geplant, wurde aber nicht ausgeführt. Die Bewaffnung der Befehlspanzer sollte aus einem MG 34 in einer Kugelblende an der Front des Aufbaus bestehen, wurde jedoch nicht überall eingebaut.

Links unten – US Soldaten inspizieren östlich Littry (Normandie) einen verlassene 4,7-cm-Pak (t) auf PzKpfw. 35 R (f) der 716 Inf. Div, 20. Juni 1944. (NARA, via Conseil Régional de Basse-Normandie)
Rechts unten – 100. 4,7-cm-Pak (t) auf PzKpfw. 35 R (f) im Panzermuseum Thun, Schweiz. (Clement Dominik/CCbySA 2.5)

Vincent Bourguignon

10,5 cm K18 auf Panzer-Selbstfahrlafette IV a

Dicker Max

Krupp erhielt 1939 vom Heereswaffenamt den Auftrag zur Entwicklung einer Selbstfahrlafette, die in der Lage sein sollte, schwerste Panzer und Bunker zu zerstören. Anfang 1941 stellte Krupp daraufhin zwei Prototypen auf Basis des PzKpfw. IV vor, die mit einer 10,5-cm-Kanone K 18 L/52 in einem hinten liegenden, oben offenen Kampfraum bewaffnet waren. Obwohl das Fahrzeug die Bezeichnung *Panzer-Selbstfahrlafette IV a* trug, basierte es auf dem modifizierten Fahrgestell des Panzers IV Ausf.D, wenn auch ohne Drehturm, mit stark verändertem Panzerkastenoberteil und einem in die Mitte verlegten Motorraum. Zu einer ab 1942 geplanten Serienproduktion kam es allerdings nicht. Die beiden bereits fertiggestellten Selbstfahrlafetten fanden im Sommer 1941 an der Ostfront Verwendung, wo eines der Fahrzeuge zerstört wurde. Das zweite wurde offenbar zurück ins Krupp-Gruson Werk nach Magdeburg gesandt und dort zu einem gewöhnlichen PzKpfw. IV zurückgebaut.

Typ:	Panzerjäger-Selbstfahrlafette
Hersteller:	Krupp-Gruson
Gefechtsgew.:	26 000 kg
Länge:	7520 mm (mit Rohr)
Breite:	2840 mm
Höhe:	3250 mm
Motor:	Maybach HL 120 TRM, 12-Zylinder-Benzinmotor
Hubraum:	11870 ccm
Leistung kw/PS:	221/300
Leistungsgew.:	11,5 PS/t
Höchstgeschw.:	40 km/h (Straße) 16 km/h (Gelände)
Kraftstoffvorrat:	470 l
Fahrbereich:	210 km (Straße) 130 km (Gelände)
Besatzung:	5
Bewaffnung:	1 x 10,5-cm K 18 L/52, 1 x 7,92-mm-MG 34
Panzerung:	10 bis 50 mm
Furttiefe:	1 m

Typ:	Panzerjäger-Selbstfahrlafette
Hersteller:	Henschel, Umbau durch Rheinmetall-Borsig
Gefechtsgew.:	35 000 kg
Länge:	9700 mm (mit Rohr)
Breite:	3160 mm
Höhe:	2700 mm
Motor:	Maybach HL 116, 6-Zylinder-Benzinmotor
Hubraum:	11 000 ccm
Leistung kw/PS:	221/300
Leistungsgew.:	8,6 PS/t
Höchstgeschw.:	23 km/h (Straße)
Kraftstoffvorrat:	k.A
Fahrbereich:	k.A
Besatzung:	5
Bewaffnung:	1 x 12,8-cm-Pak L/61, 1 x 7,92-mm-MG 34
Panzerung:	15 bis 50 mm
Furttiefe:	k.A

Panzer-Selbstfahrlafette V

Das von der Truppe *Sturer Emil* genannte Fahrzeug basierte auf dem im März 1941 ausgelieferten Henschel-Prototypen VK 3001, der nicht weiterentwickelt wurde. Zur Verwendung als Panzerjäger wurde das Fahrgestell von Rheinmetall-Borsig um ein Laufrollenpaar verlängert und am Heck der Wanne ein fester, oben offener Panzeraufbau geschaffen, der eine mächtige 12,8-cm-Kanone L/61 mit sehr beschränktem Seitenrichtfeld (7° zu jeder Seite) aufnahm.

Typ:	Panzerjäger-Selbstfahrlafette
Hersteller:	Lorraine, Umbau durch Baukommando Becker
Gefechtsgew.:	8300 kg
Länge:	5380 mm (mit Rohr)
Breite:	1880 mm
Höhe:	2000 mm
Motor:	Delahaye 103TT, 6-Zylinder-Benzinmotor
Hubraum:	3556 ccm
Leistung kw/PS:	51,5/70
Leistungsgew.:	8,4 PS/t
Höchstgeschw.:	35 km/h (Straße)
Kraftstoffvorrat:	112,5 l
Fahrbereich:	135 km (Straße)
Besatzung:	4
Bewaffnung:	1 x 7,5-cm-Pak 40/1 L/46, 1 x 7,92-mm-MG 34 oder MG 42
Panzerung:	5 bis 12 mm,
Furttiefe:	0,5 m

7,5-cm-Pak 40/1 auf Gw. Lr. S. (f) Sd.Kfz. 135 *Marder I*

Das Auftauchen des T-34 zeigte deutlich, dass die Wehrmacht dringend Fahrzeuge zur Panzerabwehr benötigte. Um Zeit zu sparen, griff das Waffenamt bei seinen Planungen ab Ende 1941 auf rasch verfügbare Beutepanzer, wie die ca. 300 Lorraine-Schlepper 37 (f), die der Wehrmacht in Frankreich in die Hände gefallen waren, zurück. Dies waren kleine Nachschubfahrzeuge mit vorn liegendem Motor und hinten befindlichem Transportaufbau. Auf Basis dieses Fahrzeugs baute das sogenannte Baukommando Becker unter Mitwirkung der Firma

Vincent Bourguignon

Aufgrund der ungünstigen Platzverhältnisse im Kampfraum und der Tatsache, dass die aus einer Flak entwickelte 12,8-cm-Waffe zweiteilige Munition verwendete, war die Feuergeschwindigkeit gering. Dennoch wurden die beiden einzigen Fahrzeuge dieser Art ab Mitte 1942 an der Ostfront eingesetzt, wo eines Ende 1943 von der Roten Armee erbeutet wurde. Dieses Exemplar kam man noch heute im Panzermuseum Kubinka in Russland besichtigen. Der Verbleib des anderen *Emil* ist unklar.

Vincent Bourguignon

Alkett von Mai 1942 bis August 1942 170 Fahrzeuge, die mit der 7,5 cm Pak 40/1 L/46 ausgestattet waren. Die Waffe wurde dazu in den ehemaligen Transportraum gesetzt und von einem leicht gepanzerten Aufbau umgeben, der nach oben hin offen blieb, und in dem ein MG zur Selbstverteidigung mitgeführt wurde. Der so geschaffene Panzerjäger erhielt den Namen *Marder I*.

Praktisch alle verblieben in Frankreich und gingen dort während der Kämpfe 1944 verloren.

Typ:	Panzerjäger-Selbstfahrlafette
Hersteller:	FCM, Umbau Baukom. Becker
Gefechtsgew.:	12 800 kg
Länge:	4770 mm (ohne Rohr)
Breite:	2140 mm
Höhe:	2330 mm
Motor:	Berliet MDP, 4-Zylinder-Dieselmotor
Hubraum:	8490 ccm
Leistung kw/PS:	67/91
Leistungsgew.:	7,1 PS/t
Höchstgeschw.:	23 km/h (Straße)
Kraftstoffvorrat:	260 l
Fahrbereich:	230 km (Straße) 140 km (Gelände)
Besatzung:	4
Bewaffnung:	1 x 7,5-cm-Pak 40/1 L/46, 1 x 7,92-mm-MG 34 oder MG 42
Panzerung:	Wanne 12 bis 40 mm Aufbau 10 bis 20 mm
Furttiefe:	k.A

7,5-cm-Pak 40/1 auf Gw. FCM 36 (f) Sd.Kfz. 135 *Marder I*

Diese Panzerjäger-Selbstfahrlafette entstand nach dem Muster der Pak auf dem Lorraine-Schlepper. Auf die Wannen erbeuteter französischer FCM-36 (2-Mann-Panzer zur Infanterieunterstützung) setzte das Baukommando Becker kastenartige, oben offene Panzeraufbauten, in deren Front sich eine 7,5-cm Pak mit beschränktem Schwenkbereich befand. Insgesamt entstanden so 48 Panzerjäger, die den Namen *Marder I* trugen. 60 sehr ähnliche,

Typ:	Panzerjäger-Selbstfahrlafette
Hersteller:	Alkett, Wegmann
Gefechtsgew.:	11 500 kg
Länge:	5650 mm (mit Rohr)
Breite:	2300 mm
Höhe:	2600 mm
Motor:	Maybach HL 62 TRM, 6-Zylinder-Benzinmotor
Hubraum:	6191 ccm
Leistung kw/PS:	103/140
Leistungsgew.:	12,2 PS/t
Höchstgeschw.:	55 km/h (Straße) Gelände 19 km/h
Kraftstoffvorrat:	200 l
Fahrbereich:	200 km (Straße) 130 km (Gelände)
Besatzung:	4
Bewaffnung:	1 x 7,62-cm-Pak 36 (r) L/51, 1 x 7,92-mm-MG 34
Panzerung:	Wanne 5 bis 30 mm Aufbau 14,5 mm
Furttiefe:	0,92 m

7,62cm Pak 36 (r) auf PzKpfw. II, Ausf. D1/D2 Sd.Kfz. 132 *Marder II*

Dieser Panzerjäger basierte auf dem Fahrgestell des PzKpfw. II, wobei die Bezeichnung Ausf. D1 jene Fahrzeuge trugen, die auf dem PzKfpw. II Ausf. D und E basierten, während das Modell D2 aus umgebauten *Flamingo*-Flammpanzern entstand. Das Sd.Kfz. 132 war mit erbeuteten russischen Geschützen bestückt, die für die Verwendung deutscher 7,5-cm-Pak-Munition umgebaut worden waren, sogenannte 7,62-cm-Pak 36 (r). Teils kamen auch unveränderte Waffen des Typs 7,62-cm-Feldkanone 296 (r) ohne Mündungsbremse zum Einbau. Um Platz für das Geschütz zu schaffen, wurde der Turm entfernt und das Panzerkastenoberteil

Vincent Bourguignon

auf Basis erbeuteter H-38 geschaffene Fahrzeuge, erhielten ebenfalls diesen Namen. Zusätzlich schuf das Baukommando Becker unter der Bezeichnung 10,5-cm-leFH 16 (Sf) auf Gw. FCM-36 (f) noch einmal 48 Artillerie-Selbstfahrlafetten. Diese besaßen einen beinahe identischen Aufbau, waren jedoch mit einer alten, aus Lagerbeständen stammenden Feldhaubitze des Kalibers 10,5 cm ausgerüstet, die bis zu 7,2 km weit schoss. FCM-36 (f) wurden vereinzelt auch als Fahrschulwagen verwendet.

Marder II *der 5. SS-Panzer-Division* Wiking*, Charkow (Ukraine), 1943*

Grzegorz Jackowski

verändert. Zum Schutz der Besatzung erhielt die Pak einen großen Schild, hinten und oben blieb der Kampfraum jedoch offen. Die Panzerung des Aufbaus war schwach und der Aufzug zu hoch, dennoch bewährten sich diese Fahrzeuge. Insgesamt entstanden zwischen April 1942 und Juni 1943 185 dieser Panzerjäger in drei leicht unterschiedlichen Baulosen.

Marder II *einer unbekannten Fallschirmjägereinheit, Rom (Italien), 8. September 1943.*

Vincent Bourguignon

7,5cm Pak 40/2 auf PzKpfw. II Ausf. A/B/C/F

Sd.Kfz. 131

Marder II

Der Hauptunterschied von Sd.Kfz. 131 und Sd.Kfz. 132 bestand in den Fahrgestellen sowie der Bewaffnung. Das Sd.Kfz. 131 nutzte die Fahrgestelle der Ausf. A, B, C und F des PzKpfw. II, erkennbar an den fünf mittelgroßen Laufrollen. Sd.Kfz. 131 entstanden sowohl auf der Basis instandgesetzter als auch neu gebauter Panzer-II-Fahrgestelle. Die Bewaffnung bestand aus einer beschränkt schwenkfähigen 7,5-cm-Pak40/2 L/46 in einem oben und hinten offenen Panzeraufbau mit max. 10 mm Stärke. Zur Selbstverteidigung führte die Besatzung im Kampfraum ein MG mit. FAMO, MAN und Daimler-Benz bauten zwischen Juni 1942 bis März 1943 651 Fahrzeuge dieser Art. Trotz der prinzipiell gleichen Nachteile wie das Sd.Kfz. 132 kam auch das Sd.Kfz. 131 an allen Fronten zum Einsatz; beide Versionen des Panzerjägers *Marder II* blieben bis Kriegsende in Dienst.

Marder II *einer unbekannten Fallschirmjägereinheit.*

Typ:	Panzerjäger
Hersteller:	FAMO, MAN, Daimler-Benz
Gefechtsgew.:	10 800 kg
Länge:	6360 mm (mit Rohr)
Breite:	2280 mm
Höhe:	2200 mm
Motor:	Maybach HL 62 TRM, 6-Zylinder-Benzinmotor
Hubraum:	6191 ccm
Leistung kw/PS:	103/140
Leistungsgew.:	13 PS/t
Höchstgeschw.:	40 km/h (Straße) Gelände 19 km/h
Kraftstoffvorrat:	200 l
Fahrbereich:	190 km (Straße) 120 km (Gelände)
Besatzung:	4
Bewaffnung:	1 x 7,62-cm-Pak 40/2 L/46, 1 x 7,92-mm-MG 34
Panzerung:	Wanne 5 bis 35 mm Aufbau 8 bis 10 mm
Furttiefe:	0,92 m

Panzerjäger 38 (t) mit 7,62-cm-Pak 36 (r)

Sd.Kfz. 139

Marder III

Typ:	Panzerjäger-Selbstfahrlafette
Hersteller:	BMM
Gefechtsgew.:	10 800 kg
Länge:	5850 mm (mit Rohr)
Breite:	2140 mm
Höhe:	2500 mm
Motor:	Praga EPA TZJ (oder EPA 2 TZJ), 6-Zylinder-Benzinmotor
Hubraum:	7754 ccm
Leistung kw/PS:	92/125 (oder 103/140)
Leistungsgew.:	11,6 (oder 13) PS/t
Höchstgeschw.:	42 km/h (Straße) 15 km/h (Gelände)
Kraftstoffvorrat:	220 l
Fahrbereich:	240 km (Straße) 160 km (Gelände)
Besatzung:	4
Bewaffnung:	1 x 7,62-cm-Pak 36(r) L/51, 1 x 7,92-mm-MG 37(t)
Panzerung:	Wanne 8 bis 50 mm Aufbau 10 bis 16 mm
Furttiefe:	0,9 m

Der Panzerjäger 38 (t) war der erste einer Reihe von Selbstfahrlafetten auf der Basis des PzKpfw. 38 (t). Die Böhmisch-Mährische-Maschinenfabrik (BMM) baute zwischen April und November 1942 insgesamt 344 Panzerjäger dieser Art, teils auf instandgesetzten Panzern, teils aber auch auf neuen Wannen der Ausf. Ausf. H und G. 1943 wurden noch einmal 19 Fahrzeug umgerüstet. Das Ergebnis war ein provisorisch wirkendes Fahrzeug, bei dem eine 7,62-cm-Pak 36 (r) mit vergrößertem Schild auf das umgestaltete Panzerkastenoberteil gesetzt wurde. Der Schwenkbereich der Waffe war beschränkt (je 21° nach links und rechts). Ein seitlicher Schutz war so gut wie gar nicht, nach hinten oder oben überhaupt nicht vorhanden. Späte Panzerjäger 38 verfügten über einen um 15 PS stärkeren Motor. Neben der Ostfront kamen diese Fahrzeuge auch in Nordafrika zum Einsatz. Die Bezeichnung Panzerjäger 38 wurde im März 1944 in *Marder III* abgeändert.

Panzerjäger 38 (t), Aberdeen Proving Ground, Maryland (USA)

Panzerjäger 38 (t) mit 7,5-cm-Pak 40/3 Ausf. H.

Sd.Kfz. 138

Marder III

Typ:	Panzerjäger-Selbstfahrlafette
Hersteller:	BMM
Gefechtsgew.:	10 800 kg
Länge:	5770 mm (mit Rohr)
Breite:	2160 mm
Höhe:	2510 mm
Motor:	Praga EPA 2 TZJ, 6-Zylinder-Benzinmotor
Hubraum:	7754 ccm
Leistung kw/PS:	103/140
Leistungsgew.:	13 PS/t
Höchstgeschw.:	42 km/h (Straße) 15 km/h (Gelände)
Kraftstoffvorrat:	220 l
Fahrbereich:	240 km (Straße) 160 km (Gelände)
Besatzung:	4
Bewaffnung:	1 x 7,5-cm-Pak 40/3 L/46, 1 x 7,92-mm-MG 37 (t)
Panzerung:	Wanne 8 bis 50 mm Aufbau 10 bis 15 mm
Furttiefe:	0,9 m

Die Ausf. M des Sd.Kfz. 138 war im Grunde eine verbesserte Variante des Panzerjägers 38 (t) Sd.Kfz. 139. Anstelle der 7,62-cm-Pak 36(r) waren diese Modelle mit der deutschen 7,5-cm-Pak 40/3 ausgerüstet. Die Waffe besaß einen größeren Schwenkbereich (30° zu jeder Seite), und die Besatzung genoss durch einen vergrößerten Aufbau einen leicht verbesserten Schutz. Nach hinten und oben war der Kampfraum jedoch weiterhin offen. Das MG in der Wanne war beibehalten worden, oftmals wurde jedoch auch ein MG 34 oder 42 im Kampfraum mitgeführt. Das *H* in Ausf. H wies auf die Platzierung des Motors im Heck hin. Von November 1942 bis April 1943 baute BMM 242 neue Fahrzeuge, während 1943 noch einmal 175 Umbauten aus instandgesetzten Panzern entstanden. *Marder III* Ausf. H kamen ab Ende 1942 in Nordafrika, Italien, Russland und im Westen zum Einsatz. Obwohl das Fahrzeug im Grunde nur eine Notlösung darstellte, wurde es bis Kriegsende eingesetzt.

Rechts – Marder III *Ausf. H im Panzermuseum Munster.*

Marder III *Ausf. H der 50. Pz.Jg.Abt (9. Pz.Div.), Kursk (Russland), Juli 1943.*

Vincent Bourguignon

Panzerjäger 38 (t) mit 7,5-cm-Pak 40/3 Ausf. M

Sd.Kfz. 138

Marder III

Typ:	Panzerjäger-Selbstfahrlafette
Hersteller:	BMM
Gefechtsgew.:	10 500 kg
Länge:	4650
Breite:	2150 mm
Höhe:	2480 mm
Motor:	Praga AC 6, 6-Zylinder-Benzinmotor
Hubraum:	7754 ccm
Leistung kw/PS:	110/150
Leistungsgew.:	14,3 PS/t
Höchstgeschw.:	45 km/h (Straße) 20 km/h (Gelände)
Kraftstoffvorrat:	220 l
Fahrbereich:	210 km (Straße) 140 km (Gelände)
Besatzung:	4
Bewaffnung:	1 x 7,5-cm-Pak 40/3 L/46, 1 x 7,92-mm-MG 34 oder 42
Panzerung:	8 bis 25 mm
Furttiefe:	0,9 m

Die Ausf. M des Panzerjägers 38 (t) erschien im April 1943 und stellte eine wesentliche Verbesserung gegenüber den beiden Vorgängermodellen dar. Der Kampfraum befand sich nun im Heck des Fahrzeugs, und der 10 PS stärkere Motor war in die Mitte der Wanne verlegt worden, daher das *M* in Ausf. M. Die Hauptbewaffnung bestand weiterhin aus der 7,5-cm-Pak 40/3, das MG in der Wannenfront fiel jedoch weg. Dafür wurde standardmäßig ein MG 34 oder MG 42 mitgeführt. Die Ausf. M verfügte über einen geräumigeren Kampfraum, der nun auch Schutz nach hinten bot und nur noch oben offen war. Insgesamt war dieses letzte Modell der Marder-III-Baureihe das beste, weil am ausgewogensten. BMM baute bis Mai 1944 insgesamt 975 Ausf. M, die im Laufe der Produktion kleineren Änderungen unterworden waren. Am 1.Februar 1945 waren noch 350 dieser Panzerjäger vorhanden. Zusätzlich entstanden bei BMM 104 Munitionspanzer 38 (t) (Sf) Ausf. K ohne Hauptbewaffnung, die je 40 Schuss 7,5-cm-Pak-Munition transportieren konnten.

Marder III *Ausf. M, Aberdeen Proving Ground, Maryland (USA).*

8,8 cm Pak 43/1 (L/71) auf Gw. III/IV (Sf)

Sd.Kfz. 164

Hornisse/Nashorn

Nachdem Alkett im Februar 1942 den Auftrag zur Schaffung eines Panzerjägers mit 8,8-cm-Pak erhalten hatte, stellte die Firma im Oktober des selben Jahres einen entsprechenden Prototypen vor. Die Basis bildete dabei der Geschützwagen (Gw.) III/IV, der von Alkett unter Verwendung des Fahrgestells des PzKpfw. IV und des Motors, des Getriebes und der Steuerung des PzKpfw. III geschaffen worden war. Zusätzlich wurde für den Gw. III/IV die Wanne des PzKpfw. IV verlängert, der Motorraum nach vorn verlegt und am Heck ein oben offener Kampfraum geschaffen. Die Serienexemplare entstanden bei Deutsche Eisenwerke, die von Februar 1943 bis Kriegsende 493 Fahrzeuge produzierten. Schon nach wenigen Exemplaren kam die verbesserte Pak 43/1 zum Einbau. Der ursprüngliche Name *Hornisse* wurde auf Befehl Hitlers im Februar 1944 in *Nashorn* geändert. Panzerjäger dieses Typs waren trotz ihrer Nachteile (hoher Aufzug, dünne Panzerung, kein Panzerschutz nach oben) bis Kriegsende im Einsatz.

Typ:	Panzerjäger-Selbstfahrlafette
Hersteller:	Deutsche Eisenwerke
Gefechtsgew.:	24 000 kg
Länge:	8440 mm (mit Rohr)
Breite:	2950 mm
Höhe:	2940 mm
Motor:	Maybach HL 120 TRM, 12-Zylinder-Benzinmotor
Hubraum:	11 870 ccm
Leistung kw/PS:	221/300
Leistungsgew.:	12,5 PS/t
Höchstgeschw.:	40 km/h (Straße) 19 km/h (Gelände)
Kraftstoffvorrat:	470 l
Fahrbereich:	250 km (Straße) 160 km (Gelände)
Besatzung:	4 bis 5
Bewaffnung:	1 x 8,8-cm-Pak 43/1 L/71,
Panzerung:	1 x 7,92-mm-MG 34 10 bis 30 mm
Furttiefe:	0,8 m

Nashorn*, Aberdeen Proving Ground, Maryland (USA).*

Nashorn *einer unbekannten Pz.Jg.Abt., Deutschland, März 1945.*

Vincent Bourguignon

Jagdpanzer Tiger (P)
Sd.Kfz. 184
Ferdinand

Typ:	Jagdpanzer
Hersteller:	Alkett, Steyr
Gefechtsgew.:	68 000 kg
Länge:	8140 mm (mit Rohr)
Breite:	3380 mm
Höhe:	2970 mm
Motor:	2 x Maybach HL 120 TRM, 12-Zylinder-Benzinmotor
Hubraum:	je 11 870 ccm
Leistung kw/PS:	441/600
Leistungsgew.:	8,8 PS/t
Höchstgeschw.:	20 km/h (Straße) 10 km/h (Gelände)
Kraftstoffvorrat:	1080 l
Fahrbereich:	150 km (Straße) 90 km (Gelände)
Besatzung:	6
Bewaffnung:	1 x 8,8-cm-Pak 43/2 L/71
Panzerung:	20 bis 200 mm
Furttiefe:	1 m

Die überzähligen Fahrzeuge, die Porsche im Rahmen der *Tiger*-Entwicklung hatte bauen lassen, sollten laut Waffenamt im September 1942 als Selbstfahrlafette mit 8,8-cm-Pak genutzt werden. Diese Fahrzeuge besaßen das unveränderte Laufwerk des Porsche-Entwurfes, allerdings war der Motorraum in die Mitte gerückt worden, um im Heck Platz für einen bis zu 200 mm stark gepanzerten, festen Aufbau zu schaffen, in dessen Front sich eine 8,8-cm-Pak 43/2 L/71 befand. Die Wannenfront wurde durch zusätzlich angeschraubte 100-mm-Panzerplatten verstärkt. Den *Ferdinand* trieben zwei Maybach HL 120 TRM, die ihre Kraft über Generatoren an Elektromotoren weiterreichten, welche direkt auf die Antriebsräder am Bug wirkten. Bis Mai 1943 wurden insgesamt 90 dieser Jagdpanzer gebaut. Ihr Debüt gaben diese im Juli 1943 bei Kursk. Angeblich schossen die dort eingesetzten Jagdtiger über 500 gegnerische Panzer ab, fielen aber auch reihenweise aus.

Jagdpanzer Tiger (P)
Sd.Kfz. 184
Elefant

Typ:	Jagdpanzer
Hersteller:	Alkett, Steyr
Gefechtsgew.:	68 000 kg
Länge:	8140 mm (mit Rohr)
Breite:	3380 mm
Höhe:	2970 mm
Motor:	2 x Maybach HL 120 TRM, 12-Zylinder-Benzinmotor
Hubraum:	je 11 870 ccm
Leistung kw/PS:	441/600
Leistungsgew.:	8,8 PS/t
Höchstgeschw.:	20 km/h (Straße) 10 km/h (Gelände)
Kraftstoffvorrat:	1080 l
Fahrbereich:	150 km (Straße) 90 km (Gelände)
Besatzung:	6
Bewaffnung:	1 x 8,8-cm-Pak 43/2 L/71, 1 x 7,92-mm-MG 34
Panzerung:	20 bis 200 mm
Furttiefe:	1 m

Nach Monaten harter Einsätze an der Ostfront wurden die 50 noch verblieben Sd.Kfz. 184 Ende 1943 und Anfang 1944 zur Überholung in die Nibelungenwerke in Sankt Valentin verbracht. Dort wurden 48 davon mit Kommandantenkuppeln und einen Bug-MG in einer Kugelblende ausgerüstet, um die Übersicht sowie die Abwehrmöglichkeiten gegen Infanterieangriffe zu verbessern. Die anderen beiden Fahrzeuge (sowie ein noch vorhandener Porsche-Prototyp) wurden zu Bergepanzern umgerüstet. Diese nun *Elefant* genannten Kampfpanzer kamen zunächst vor allem in Italien zum Einsatz, wo ein Fahrzeug 1944 bei Anzio durch die US Army erbeute wurde. Ob des hohen Gewichtes war das Sd.Kfz. 184 zu unbeweglich und zu wenig zuverlässig. Dennoch erzielten diese Fahrzeuge, solange sie defensiv eingesetzt wurden, beeindruckende Abschusszahlen und blieben bis 1945 im Einsatz.

Jagdpanzer IV/48 Sd.Kfz.162

Typ:	Jagdpanzer
Hersteller:	Vomag
Gefechtsgew.:	24 000 kg
Länge:	6850 mm (mit Rohr)
Breite:	3170 mm
Höhe:	1860 mm
Motor:	Maybach HL 120 TRM, 12-Zylinder-Benzinmotor
Hubraum:	11 870 ccm
Leistung kw/PS:	221/300
Leistungsgew.:	12,5 PS/t
Höchstgeschw.:	40 km/h (Straße) 19 km/h (Gelände)
Kraftstoffvorrat:	470 l
Fahrbereich:	240 km (Straße) 130 km (Gelände)
Besatzung:	4 bis 5
Bewaffnung:	1 x 7,5-cm-Pak 39 L/48, 1 x 7,92-mm-MG 42
Panzerung:	10 bis 60 mm
Furttiefe:	1 m

Anfang 1943 begannen bei Vomag (Vogtländische Maschinenfabrik AG) in Plauen die Konstruktionsarbeiten an einem Jagdpanzer, der das StuG. III ablösen sollte. Das neue Fahrzeug sollte möglichst niedrig und ballistisch günstig geformt sein sowie über eine 7,5-cm-StuK 42 L/70 verfügen, einer Variante der *Panther*-Hauptwaffe. Im Oktober 1943 wurde Hitler ein Prototyp vorgeführt und die unmittelbare Produktion des Fahrzeugs angeordnet. Probleme mit der Einpassung der 7,5-cm-Kanone L/70 führten dazu, dass die Serie ab Anfang 1944 unter Verwendung der erprobten 7,5-cm-Pak 39 L/48 laufen musste. Vorserien- und erste Serienmodelle – offiziell als *Sturmgeschütz neuer Art mit 7,5 cm-PaK L/48 auf Fahrgestell PzKpfw. IV* bezeichnet – waren noch mit einer Mündungsbremse ausgerüstet, diese fiel aufgrund erster Kampferfahrungen jedoch bald fort, da sie beim Abschuss zu viel Staub aufwirbelte. Jagdpanzer IV/48 wurden von Januar bis November 1944 gebaut. Vomag stellt in dieser Zeit, je nach Quelle, zwischen 769 und 784 Exemplare her.

Jagdpanzer IV/48 im Panzermuseum Thun, Schweiz. (Clement Dominik/ CCbySA 2.5)

Jagdpanzer IV/70 (V) Sd.Kfz.162/1

Damit eine derart große Waffe wie die 7,5-cm-StuK 42 L/70 in den niedrigen, abgeschrägten Aufbau des Jagdpanzers IV passte, mussten zunächst Rücklaufbremse und Vorholmechanismus über das Rohr der Kanone verlegt werden. Daher verließen erst Mitte 1944 die ersten entsprechend ausgerüsteten Jagdpanzer IV die Vomag-Hallen. Durch die lange Kanone, die 2580 mm über den Bug hinaus ragte, sowie die auf 80 mm verstärkte Frontpanzerung stieg das Gefechtsgewicht auf 25 800 kg. Zudem wurde das Fahrzeug entsprechend kopflastig, was sich negativ auf die Geländegängigkeit auswirkte. Aufgrund des erhöhten Gewichtes wurden oft die ersten beiden gummibandagierten Laufrollen je Seite durch solche aus Stahl ersetzt. Die Truppe nannte das Fahrzeug wegen seiner eigenwilligen Fahreigenschaften nach dem Generalinspekteur der Panzertruppe Heinz Guderian auch *Guderian-Ente*. Vomag baute zwischen August 1944 und April 1945 930 Jagdpanzer IV/70 (V).

Typ:	Jagdpanzer
Hersteller:	Vomag
Gefechtsgew.:	25 800 kg
Länge:	8500 mm (mit Rohr)
Breite:	3170 mm
Höhe:	1860 mm
Motor:	Maybach HL 120 TRM, 12-Zylinder-Benzinmotor
Hubraum:	11 870 ccm
Leistung kw/PS:	221/300
Leistungsgew.:	11,6 PS/t
Höchstgeschw.:	38 km/h (Straße) 16 km/h (Gelände)
Kraftstoffvorrat:	470 l
Fahrbereich:	200 km (Straße) 130 km (Gelände)
Besatzung:	4
Bewaffnung:	1 x 7,5-cm-StuK 42 L/70, 1 x 7,92-mm-MG 42
Panzerung:	10 bis 80 mm (+ 5-mm-Schürzen)
Furttiefe:	1 m

Oben – Jagdpanzer IV/70 (V), Aberdeen Proving Ground, Maryland (USA).

Unten – Jagdpanzer IV/70 (V) der 116. Pz.Div., Raum Wesel, Februar 1945.

Vincent Bourguignon

Jagdpanzer IV/70 (A) Sd.Kfz.162/1

Typ:	Jagdpanzer
Hersteller:	Alkett, Steyr
Gefechtsgew.:	25 800 kg
Länge:	8500 mm (mit Rohr)
Breite:	3170 mm
Höhe:	1860 mm
Motor:	Maybach HL 120 TRM, 12-Zylinder-Benzinmotor
Hubraum:	11 870 ccm
Leistung kw/PS:	221/300
Leistungsgew.:	11,6 PS/t
Höchstgeschw.:	38 km/h (Straße) 16 km/h (Gelände)
Kraftstoffvorrat:	470 l
Fahrbereich:	200 km (Straße) 130 km (Gelände)
Besatzung:	4
Bewaffnung:	1 x 7,5-cm-StuK 42 L/70, 1 x 7,92-mm-MG 42
Panzerung:	10 bis 80 mm (+ 5-mm-Schürzen)
Furttiefe:	1 m

Da bei sich Vomag die Anpassung der 7,5-cm-StuK 42 L/70 in den Aufbau des Jagdpanzers IV länger hinzog als geplant, das Heereswaffenamt diese leitungsstarke Kanone aber dringend forderte, entwickelte Alkett eine Art Zwischenlösung. Dabei wurde ein weniger günstig geformter Panzeraufbau auf die unveränderte Wanne eines PzKpfw. IV Ausf. J gesetzt. Allerdings erhöhte sich das Gewicht so auf 28 000 kg, und das Fahrzeug baute wesentlich höher. Die Produktion dieser Variante verzögerte sich aber auch und lief praktisch zeitgleich mit der des Vomag-Modells an. Dennoch wurde der Bau fortgeführt, um Engpässe bei der Herstellung durch Vomag zu überbrücken. Die von Alkett entworfene Variante wurde durch ein (A), die von Vomag durch ein (V) gekennzeichnet. Insgesamt baute Steyr in den Nibelungenwerken von August 1944 bis März 1945 278 Jagdpanzer IV/70 (A).

Prototoyp der Alkettversion des Jagdpanzers IV.

Jagdpanzer 38 (t) Sd.Kfz. 138/2 *Hetzer*

Typ:	Jagdpanzer
Hersteller:	BMM, Škoda
Gefechtsgew.:	16 000 kg
Länge:	6270 mm (mit Rohr)
Breite:	2630 mm
Höhe:	2170 mm
Motor:	Praga AC/2, 6-Zylinder-Benzinmotor
Hubraum:	7754 ccm
Leistung kw/PS:	118/160
Leistungsgew.:	11,6 PS/t
Höchstgeschw.:	42 km/h (Straße) 16 km/h (Gelände)
Kraftstoffvorrat:	320 l
Fahrbereich:	260 km (Straße) 170 km (Gelände)
Besatzung:	4
Bewaffnung:	1 x 7,5-cm-Pak 39 L/48, 1 x 7,92-mm-MG 34 oder MG 42
Panzerung:	8 bis 60 mm
Furttiefe:	1 m

Im März 1943 forderte Generaloberst Guderian den Bau eines rundum geschützten leichten Jagdpanzers, der die bis dahin gebräuchlichen improvisierten Modelle, z.B. der Marder-Baureihe, ablösen sollte. So vergab das Heereswaffenamt im Mai 1943 den Auftrag zur Entwicklung eines solchen Fahrzeuges auf Fahrgestell des PzKpfw. 38 (t). Als Waffe wurde eine modifizierte Version der 7,5 cm-PaK 39 L/48 ausgewählt, die eine weiterentwickelte Rohrbremse besaß und so eine Mündungsbremse überflüssig machte. Die Wanne des Ausgangsmodells wurde verbreitert. Um das auf 16 000 kg gestiegene Gewicht besser verkraften zu können, wurden breitere und verstärkte Ketten montiert. Auf dem Wannendach kam zum Schutz gegen Infanterieangriffe ein ferngesteuertes, 360° schwenkbares MG zum Einbau. Die rundherum abgeschrägten Flächen sorgten für ein Maximum an Geschossablenkung. Auch die Dimensionen des Panzers

Ein Jagdpanzer 38 (t) in dem ab August 1944 häufig angewandten Hinterhalt-Tarnschema *aus Dunkelgelb, Olivgrün und Rot- bzw. Schokoladenbraun.*

Oben und links — Wohl bei BMM entstandene Aufnahmen eines fabrikneuen Jagdpanzers 38 (t), ebenfalls im Hinterhalt-Tarnschema.

waren sehr vorteilhaft, allerdings zum Leidwesen der Besatzung, die über nur sehr wenig Platz in diesem Jagdpanzer verfügte. Zudem war dadurch der Schwenkbereich der 380 mm rechts der Mittellinie eingebauten Hauptwaffe auf 5° nach links und 11° nach rechts beschränkt. Nachdem im März 1944 drei Prototypen vorgestellt worden waren, wurden bereits im Mai 1944 die ersten *Hetzer* der Truppe übergeben. Die Serienproduktion lief zunächst nur bei BMM, ab September 1944 kam noch Škoda hinzu. Bis Mai 1945 bauten beide Firmen insgesamt 2584 Jagdpanzer 38(t) in drei Modellreihen, die sich in Details unterschieden. So wurden die Fahrzeuge im Laufe der Zeit immer weiter vereinfacht, um die Herstellung zu beschleunigen und um Materialengpässen zu begegnen. Zudem wurden z.B. Veränderungen an den Ausstiegsluken, den Lauf- und Stützrollen, der Aufhängung und der Kanonenblende vorgenommen. Aufgrund seiner geringen Größe, der geschickten Formgebung und der starken Frontpanzerung bewährte sich der Jagpanzer 38 (t) sehr gut. Auf Basis des *Hetzer* entstanden als Umbau zudem rund 20 *Flammpanzer 38 (t)* sowie 181 neu gebaute *Bergepanzer 38 (t)*. Diverse Prototypen und Umbauten, z.B. mit einem 15-cm-sIG 33 oder der 7,5-cm-StuK 42 L/70 wurden jeweils nur in wenigen Exemplaren hergestellt.
Nach dem Krieg baute Škoda leicht modifizierte *Hetzer* für das tschechische Heer. Auch die Schweizer Armee erwarb 158 Fahrzeuge, die bis 1970 als G13 im Dienst waren.

Ein von der US Armee abgeschossener Jagdpanzer 38(t), der Soldat am linken Bildrand gibt einen guten Eindruck von der geringen Höhe des Fahrzeuges.

7,5-cm-Pak 40/4 auf Raupenschlepper Ost (Sf)

Der Raupenschlepper Ost (RSO) war eigentlich ein ungepanzertes Transportfahrzeug, entwickelt für die widrigen Verhältnisse an der Ostfront. Ab September 1942 fertigten Steyr (sowie später auch KHD, Auto-Union, Gräfe & Stift) etwa 28.000 RSO. Eine der Varianten des RSO war eine Panzerjäger-Selbstfahrlafette mit einer 7,5-cm-Pak 40, für die 25 Schuss mitgeführt wurden. Dazu wurde die Pak schlicht auf die Ladefläche des RSO gesetzt. Allein das Vorderteil des Fahrzeugs war leicht gepanzert (5 bis 10 mm), die Geschützbedienung war auf den Schild der Pak angewiesen. Als Witterungsschutz konnte eine Plane aufgezogen werden. Insgesamt wurden ab Ende 1943 nur 87 solcher Fahrzeuge gebaut, sie bewährten sich nicht. Für die Gebirgsjägertruppe entstand eine kleine Zahl ähnlicher Raupenschlepper Gebirge (RSG) mit einer 7,5-cm-Gebirgshaubitze 34.

Typ:	Panzerjäger-Selbstfahrlafette
Hersteller:	Steyr
Gefechtsgew.:	5200 kg
Länge:	4570 mm (mit Rohr)
Breite:	1990 mm
Höhe:	2600 mm
Motor:	Steyr V8, 8-Zylinder-Benzinmotor
Hubraum:	3517 ccm
Leistung kw/PS:	51,5/70
Leistungsgew.:	13,2 PS/t
Höchstgeschw.:	17 km/h (Straße)
Kraftstoffvorrat:	180 l
Fahrbereich:	300 km (Straße) 150 km (Gelände)
Besatzung:	5
Bewaffnung:	1 x 7,5-cm-Pak/40/4 L/46
Panzerung:	5 bis 10 mm
Furttiefe:	0,85 m

RSO mit 7,5-cm-Pak 40/4, Ostfront, 1944.

Vincent Bourguignon

Jagdpanzer V Sd.Kfz. 173 Jagdpanther

Im August 1942 erhielt Krupp den Auftrag zum Entwurf eines Panzerjägers auf Basis des PzKpfw. V *Panther*. Daimler-Benz übernahm im Oktober 1942 die Entwicklung des Fahrzeugs und stellte Ende 1943 den ersten Prototypen vor. Ab Februar 1944 begann bei MIAG in Braunschweig die Serienproduktion, an der später auch noch MNH in Hannover beteiligt wurde. Der *Jagdpanther* basierte auf dem Fahrgestell des *Panther* Ausf. G, auf das ein fester Panzeraufbau gesetzt wurde. In dessen stark abgeschrägter Front saß eine 8,8-cm-Pak 43/3 L/71 mit einem Schwenkbereich von 11° zu jeder Seite. Rechts davon befand sich ein MG 34 in einer Kugelblende. Im Laufe der Produktion der insgesamt 384 *Jagdpanther* wurden mehrere Verbesserungen vorgenommen, so z.B. an der Fahrersehklappe oder dem zunächst einteiligen, später dann dreiteiligen Rohr der Hauptwaffe. Zudem erhielten die Abgasrohre Abdeckungen, da sie im Betrieb regelrecht glühten und so den Standort verrieten. Der *Jagdpanther* gilt allgemein als einer der besten Jagdpanzer des 2. Weltkrieges.

Typ:	Jagdpanzer
Hersteller:	MIAG, MNH
Gefechtsgew.:	45 500 kg
Länge:	9870 mm (mit Rohr)
Breite:	3420 mm (mit Schürzen)
Höhe:	2710 mm
Motor:	Maybach HL 230 P 30, 12-Zylinder-Benzinmotor
Hubraum:	23 380 ccm
Leistung kw/PS:	515/700
Leistungsgew.:	15,4 PS/t
Höchstgeschw.:	46 km/h (Straße) 24 km/h (Gelände)
Kraftstoffvorrat:	720 l
Fahrbereich:	250 km (Straße) 100 km (Gelände)
Besatzung:	5
Bewaffnung:	1 x 8,8-cm-Pak 43/3 L/71, 1 x 7,92-mm-MG 34
Panzerung:	17 bis 80 mm
Furttiefe:	1,7 m

Oben – Jagdpanther, *Aberdeen Proving Ground, Maryland (USA).*

Rechts oben – Ein von der US Armee erbeuteter Jagdpanther. *(NARA)*

Rechts – Mobilität, eine gelungene Formgebung sowie die starke 8,8-cm-Pak 43 machten aus dem Jagdpanther *einen der besten Jagdpanzer des 2. Weltkrieges. Dieses Exemplar ist mit einem Zimmerit-Belag als Schutz gegen Haftminen versehen.*

Grzegorz Jackowski

Typ:	Jagdpanzer
Hersteller:	Henschel, Steyr
Gefechtsgew.:	72 000 kg
Länge:	10 654 mm (mit Rohr)
Breite:	3625 mm (mit Schürzen)
Höhe:	2945 mm
Motor:	Maybach HL 230 P 30, 12-Zylinder-Benzinmotor
Hubraum:	23 380 ccm
Leistung kw/PS:	515/700
Leistungsgew.:	9,8 PS/t
Höchstgeschw.:	35 km/h (Straße) 16 km/h (Gelände)
Kraftstoffvorrat:	860 l
Fahrbereich:	120 km (Straße) 80 km (Gelände)
Besatzung:	5
Bewaffnung:	1 x 12,8-cm-Pak 44 L/55, 1 x 7,92-mm-MG 34
Panzerung:	25 - 250 mm
Furttiefe:	1,75 m

Oben – Jagdtiger, *Aberdeen Proving Ground, Maryland (USA).*

Rechts – Jagdtiger *der s.Pz.Jg.Abt 653, Westfalen, April 1945.*

Jagdpanzer VI Ausf. B Sd.Kfz. 186 Jagdtiger

Bereits im Februar 1943 vergab das Waffenamt an Henschel den Auftrag zur Entwicklung eines schweren Jagdpanzers. Im April 1944 stellten die Nibelungenwerken den ersten Prototypen auf Basis des *Tiger II* fertig. Um die 12,8-cm-Pak 44 aufnehmen zu können, mussten Wanne und Laufwerk verlängert werden sowie der Drehturm durch einen festen Panzeraufbau ersetzt werden. Die ersten *Jagdtiger* wurden im November 1944 der Truppe übergeben. Eine Panzerung von bis zu 250 mm machte den Jagdtiger im Frontbereich zwar annähernd unverwundbar, aufgrund des hohen Gewichtes waren Motor und Getriebe aber überlastet. Die Fahrzeuge erwiesen sich daher als sehr unzuverlässig.

Da nicht genügend Pak 44 zur Verfügung standen, baute Steyr bei einigen Exemplaren die 8,8-cm-Pak 43 ein. Nur 77 Jagdtiger wurden bis Kriegsende gebaut, von denen zehn das von Porsche entwickelte Laufwerk erhielten, das sich aber einmal mehr nicht bewährte.

Vincent Bourguignon

Leichter Einheitswaffenträger

mit 8,8-cm-Pak 43 L/71 (Ardelt I)

Typ:	Panzerjäger-Selbstfahrlafette
Hersteller:	Ardelt
Gefechtsgew.:	11 200 kg
Länge:	5430 mm(ohne Rohr)
Breite:	2440 mm
Höhe:	2400 mm
Motor:	Maybach Hl 42 TRM, 6-Zylinder-Benzinmotor
Hubraum:	4200 ccm
Leistung kw/PS:	73/100
Leistungsgew.:	8,9PS/t
Höchstgeschw.:	36 km/h (Straße) 15 km/h (Gelände)
Kraftstoffvorrat:	120 l
Fahrbereich:	110 km (Straße)
Besatzung:	4
Bewaffnung:	1 x 8,8-cm-Pak 43 L/71
Panzerung:	Wanne 5 bis 20 mm, Schild 5 mm
Furttiefe:	0,4 m

Seit Ende 1942 suchte die Wehrmacht nach Möglichkeiten ihre Artilleriegeschütze mobiler zu machen, man dachte dabei an sogenannte *Waffenträger,* Fahrzeuge von denen die Waffen rasch abmontiert und wieder auf Feldlafetten gesetzt werden konnten. Krupp, Rheinmetall, Steyr und Ardelt stellten im April 1944 ihre Prototypen vor. Aufgrund seiner kostengünstigen und einfachen Bauweise gewann der Entwurf der Firma Ardelt aus Eberswalde die Ausschreibung. Im Sommer 1944 in Hillersleben durchgeführte Versuche mit einem zweiten Fahrzeug verliefen zufriedenstellend. Allerdings erhielt Ardelt erst im November 1944 den Auftrag zur Serienfertigung des Fahrzeugs, das Aufhängung, Laufrollen sowie Gleisketten des Jagdpanzers 38 (t) nutzte. Insgesamt wurden bis Kriegsende zehn Waffenträger fertiggestellt, von denen die meisten bei Kämpfen im Großraum Berlin zum Einsatz kamen. Zumindest zwei Waffenträger wurden von der Roten Armee erbeutet und erprobt.

Vincent Bourguignon

Sturmgeschütz III Ausf. A-E Sd.Kfz. 142

Typ:	Sturmgeschütz
Hersteller:	Alkett
Gefechtsgew.:	22 200 kg
Länge:	5400 mm
Breite:	2950 mm
Höhe:	1960 mm
Motor:	Maybach HL 120 TRM, 12-Zylinder-Benzinmotor
Hubraum:	11 870 ccm
Leistung kw/PS:	221/300
Leistungsgew.:	13,5 PS/t
Höchstgeschw.:	40 km/h (Straße) 19 km/h (Gelände)
Kraftstoffvorrat:	320 l
Fahrbereich:	140 km (Straße) 90 km (Gelände)
Besatzung:	4
Bewaffnung:	1 x 7,5 cm StuK 37 L/24
Panzerung:	10 bis 50 mm
Furttiefe:	0,8 m

Schon 1935 forderte General von Manstein ein spezielles Fahrzeug zur Infanterieunterstützung. Im Juni 1936 erhielt Daimler-Benz den Auftrag, ein solches zu entwickeln und nutzte den Panzer III als Ausgangsbasis. Um eine niedrige Silhouette zu erhalten, verzichteten die Konstrukteure auf einen Turm. Stattdessen setzten sie die 7,5 cm Stuk 37 L/24 in einem Panzeraufbau auf das nahezu unveränderte Fahrwerk des Panzer III. Die ersten Prototypen wurden 1937 bei Alkett gebaut und ausgiebig getestet. Im Januar 1940 startete mit der Ausf. A des Sturmgeschütz III die Vorserienproduktion auf Basis des PzKpfw. III Ausf. F mit leicht modifizierter Wanne und einer um 20 auf 50 mm verstärkten Frontpanzerung. Motor und Laufwerk waren identisch. Die ersten Sturmgeschütze wurden im Frankreichfeldzug eingesetzt, danach begann die Serienproduktion. Die nun folgenden Ausf. B bis E unterschieden sich nur in Details. Bei Alkett entstanden bis März 1942 insgesamt 822 StuG III Ausf. A bis F.

Sturmgeschütz G III Ausf. D der StuG.Abt. 243, Ostfront Juli 1941.

Grzegorz Jackowski

Sturmgeschütz III Ausf. F und G Sd.Kfz. 142/1

Obwohl sie ursprünglich nur zur Unterstützung von Infanterieangriffen geplant waren, wurden Sturmgeschütze immer öfter zur Panzerbekämpfung verwendet. Die 7,5-cm-StuK L/24 besaß aufgrund ihrer geringen Mündungsgeschwindigkeit dafür aber zu wenig Leistung. Die Ausf. F wurde deshalb mit der durchschlagskräftigeren StuK 40 L/43 ausgerüstet, um Ziele bereits auf größere Entfernungen bekämpfen zu können. Ab der Ausf. F wurde die Kennnummer in Sd.Kfz. 142/1 geändert. Nachdem 360 Fahrzeuge der Ausf. F gebaut worden waren, wurde diese Version noch einmal verbessert und als F/8 von September bis November 1942 in 334 Exemplare hergestellt. Die Änderungen betrafen vor allem das Panzerkastenoberteil sowie den Einbau der 7,5 cm-StuK 40 L/48, die auf 1000 m Entfernung 85 mm Panzerstahl durchschlug. Zudem wurde die Frontpanzerung von 50 auf

Typ:	Sturmgeschütz
Hersteller:	Alkett, Miag
Gefechtsgew.:	23 900 kg
Länge:	6770 mm (mit Rohr)
Breite:	2950 mm (mit Schürzen 3410 mm)
Höhe:	2150 mm
Motor:	Maybach HL 120 TRM, 12-Zylinder-Benzinmotor
Hubraum:	11 870 ccm
Leistung kw/PS:	221/300
Leistungsgew.:	12,5 PS/t
Höchstgeschw.:	40 km/h (Straße) 19 km/h (Gelände)
Kraftstoffvorrat:	320 l
Fahrbereich:	130 km (Straße) 80 km (Gelände)
Besatzung:	4
Bewaffnung:	1 x 7,5-cm-StuK 40 L/48, 1 x 7,92-mm-MG 34
Panzerung:	10 bis 80 mm (+ 5-mm-Schürzen)
Furttiefe:	0,8 m

StuG III Ausf. G mit verbolzter Kastenblende und seitlichen Schützen, Ostfront, Winter 1943/44.

Grzegorz Jackowski

Oben – StuG III Ausf. F der 1. StuG.Abt. der 1.SS-Pz.Div. Leibstandarte Adolf Hitler, *Kursk (Russland), Juli 1943.*
Rechts – Stug III Ausf. F mit aufgeschraubter Zusatzpanzerung im Frontbereich, jedoch ohne Schürzen.

80 mm verstärkt. Viele Fahrzeuge früherer Versionen wurden später nachgerüstet und erhielten die StuK 40, so dass es zu zahlreichen Mischformen kam.
Letzte und meist produzierte Version des StuG III war die Ausf. G, die ab Dezember 1942 gefertigt wurde. Diese Version war erneut stärker gepanzert und besaß eine neue Kommandantenkuppel sowie standardmäßig einen abklappbaren MG-Schild. Seitliche Panzerschürzen zum Schutz vor Panzerbüchsen- und Hohlladungsgeschossen fanden ab April 1943 Verwendung, zudem erhielten viele StuG III eine Zimmeritbeschichtung. Im Februar 1944 wurde anstelle der verbolzten Kastenblende eine gegossene Topf- oder Saukopfblende eingeführt, die einen besseren Schutz bot.
Ab April 1944 kam ein von innen fernbedienbares MG zum Einbau. Sturmgeschütze blieben bis Kriegsende in Bau. Neben der Wehrmacht nutzen auch deren Verbündete StuG III, Finnland z.B. noch viele Jahre nach Kriegsende. Auch die Rote Armee setzte erbeutete StuG III ein und rüstete diese teils sogar auf 7,62-cm-Kanonen um. Insgesamt wurden rund 7720 StuG III Ausf. G gebaut, dazu entstanden 1944 noch einmal 173 aus umgebauten ehemaligen PzKpfw. III.

Mitte und unten – Auch die Verbündeten erhielten eine Anzahl StuG III Ausf. F, hier Fahrzeuge der bulgarischen Armee.

Sturmgeschütz III für 10,5-cm-StuH 42 Sd.Kfz. 142/2

Durch den Einbau der langen StuK 40 war aus dem einstigen Fahrzeug zur Infanterieunterstützung im Grunde ein Jagdpanzer geworden. Daher baute Alkett ab Oktober 1942 eine neue Version des Stug III, die mit einer 10,5-cm-Sturmhaubitze (StuH) 42 L/28, einer modifizierten leFH 18, ausgerüstet war. Die ersten dieser Unterstützungsfahrzeuge verwendeten das Fahrgestell des StuG III Ausf. F/8, spätere Exemplare der StuH 42 basierten dann auf der Ausf. G und durchliefen die selben Änderungen, die auch am Grundmodell durchgeführt wurden.
Bis September 1944 war die Hauptwaffe noch mit einer Mündungsbremse ausgerüstet, danach fiel diese weg. Der Munitionsvorrat der 10,5-cm-StuH 42 betrug 36 Schuss, darunter 10 Hohlladungsgranaten zur Panzer- und Bunkerbekämpfung. Von Oktober 1942 bis März 1945 entstanden bei Alkett 1212 Stück.

Typ:	Sturmgeschütz
Hersteller:	Alkett
Gefechtsgew.:	24 500 kg
Länge:	6140 mm (mit Rohr)
Breite:	2950 mm (mit Schürzen 3410 mm)
Höhe:	2150 mm
Motor:	Maybach HL 120 TRM, 12-Zylinder-Benzinmotor
Hubraum:	11 870 ccm
Leistung kw/PS:	221/300
Leistungsgew.:	12,2 PS/t
Höchstgeschw.:	40 km/h (Straße) 19 km/h (Gelände)
Kraftstoffvorrat:	320 l
Fahrbereich:	130 km (Straße) 80 km (Gelände)
Besatzung:	4
Bewaffnung:	1 x 10,5-cm-StuH 42 L/42, 1 x 7,92-mm-MG 34
Panzerung:	10 bis 80 mm (+ 5-mm-Schürzen)
Furttiefe:	0,8 m

Sturmpanzer I *während des Westfeldzuges, Mai-Juni 1940.*

Sturmgeschütz IV Sd.Kfz. 167

Bereits Anfang 1943 hatte Krupp geprüft, ob der Panzeraufbau des StuG III auf die Wanne des PzKpfw. IV gesetzt werden könnte. Da das aber nur unter Vernachlässigung der Produktion des PzKpfw. IV möglich gewesen wäre, verwarf das Waffenamt diese Pläne. Als im September die StuG III-Produktion bei Alkett jedoch aufgrund eines schweren Bombenangriffes vorerst völlig zum Erliegen kam, erhielt zunächst Daimler-Benz den Auftrag zum Bau des StuG IV, nach 30 Exemplaren ging die Fertigung dann an das Krupp-Gruson Werk Magdeburg. Äußerlich unterschieden sich StuG III und IV vor allem durch den rechts vorn befindlichen Fahrererker am StuG IV. Auch nachdem die Produktion bei Alkett wieder angelaufen war, wurde der Bau bei Krupp weitergeführt, um zeitweilige Fertigungsausfälle beim StuG III zu kompensieren. Die während des Bau des StuG III eingeführten Veränderungen wurden auch für das StuG IV übernommen. Insgesamt entstanden von Dezember 1943 bis März 1945 insgesamt 1139 StuG IV.

Typ:	Sturmgeschütz
Hersteller:	Daimler-Benz, Krupp
Gefechtsgew.:	23 000 kg
Länge:	6700 mm (mit Rohr)
Breite:	2900 mm (3350 mm mit Schürzen)
Höhe:	2200 mm
Motor:	Maybach HL 120 TRM, 12-Zylinder-Benzinmotor
Hubraum:	11 870 ccm
Leistung kw/PS:	221/300
Leistungsgew.:	13 PS/t
Höchstgeschw.:	38 km/h (Straße) 16 km/h (Gelände)
Kraftstoffvorrat:	430 l
Fahrbereich:	180 km (Straße) 120 km (Gelände)
Besatzung:	4
Bewaffnung:	1 x 7,5-cm-StuK 40 L/48, 1 x 7,92-mm-MG 34
Panzerung:	10 bis 80 mm (+ 5-mm-Schürzen)
Furttiefe:	0,8 m

Bild eines StuG IV im Krupp-Gruson Werk im Magdeburg, September1944.

StuG IV einer unbekannten Einheit 1944 in Italien.

Sturmpanzer I *während des Westfeldzuges, Mai/Juni 1940.*

15cm-sIG 33 (Sf) auf PzKpfw. I Ausf. B *Sturmpanzer I*

Dieses Fahrzeug stellte den erste Versuch der Wehrmacht zur Schaffung einer mobilen Panzerartillerie dar. Obwohl es die Bezeichnung *Sturmpanzer I* trug, war es doch nur eine äußerst behelfsmäßige Selbstfahrlafette. Dabei wurde auf die unveränderte Wanne eines PzKpfw. I Ausf. B ein 15-cm-sIG 33 mitsamt Lafette und Rädern aufgesetzt und vorn sowie seitlich von hohen, 10 mm starken Panzerwänden umgeben. Hinten und oben blieb der Kampfraum, in dem nur Raum für drei Schuss Munition war, offen. Zusätzliche Munition musste auf einem Begleitfahrzeug mitgeführt werden.
Alkett baute im Januar und Februar 1940 38 dieser Fahrzeuge aus vorhandenen Panzer I Ausf. B Fahrgestellen, die sich im Einsatz durch das hohe Gewicht als überlastet erwiesen. Erstaunlicherweise wurden die letzten *Sturmpanzer I* aber erst 1943 außer Dienst gestellt.

Typ:	Artillerie-Selbstfahrlafette
Hersteller:	Alkett
Gefechtsgew.:	8500 kg
Länge:	4420 mm
Breite:	2060 mm
Höhe:	3350 mm
Motor:	Maybach NL 38 TR, 6-Zylinder-Benzinmotor
Hubraum:	3790 ccm
Leistung kw/PS:	73/100
Leistungsgew.:	11,8 PS/t
Höchstgeschw.:	35 km/h (Straße)
Kraftstoffvorrat:	146 l
Fahrbereich:	160 km (Straße) 120 km(Gelände))
Besatzung:	4
Bewaffnung:	1 x 15-cm-sIG 33 L/11,4
Panzerung:	Wanne 6 bis 13 mm Aufbau 10 mm
Furttiefe:	0,58 m

Sturmgeschütz III Ausf. A-E Sd.Kfz. 142

Typ:	Sturmgeschütz
Hersteller:	Alkett
Gefechtsgew.:	22 200 kg
Länge:	5400 mm
Breite:	2950 mm
Höhe:	1960 mm
Motor:	Maybach HL 120 TRM, 12-Zylinder-Benzinmotor
Hubraum:	11 870 ccm
Leistung kw/PS:	221/300
Leistungsgew.:	13,5 PS/t
Höchstgeschw.:	40 km/h (Straße) 19 km/h (Gelände)
Kraftstoffvorrat:	320 l
Fahrbereich:	140 km (Straße) 90 km (Gelände)
Besatzung:	4
Bewaffnung:	1 x 7,5 cm StuK 37 L/24
Panzerung:	10 bis 50 mm
Furttiefe:	0,8 m

Schon 1935 forderte General von Manstein ein spezielles Fahrzeug zur Infanterieunterstützung. Im Juni 1936 erhielt Daimler-Benz den Auftrag, ein solches zu entwickeln und nutzte den Panzer III als Ausgangsbasis. Um eine niedrige Silhouette zu erhalten, verzichteten die Konstrukteure auf einen Turm. Stattdessen setzten sie die 7,5 cm Stuk 37 L/24 in einem Panzeraufbau auf das nahezu unveränderte Fahrwerk des Panzer III. Die ersten Prototypen wurden 1937 bei Alkett gebaut und ausgiebig getestet. Im Januar 1940 startete mit der Ausf. A des Sturmgeschütz III die Vorserienproduktion auf Basis des PzKpfw. III Ausf. F mit leicht modifizierter Wanne und einer um 20 auf 50 mm verstärkten Frontpanzerung. Motor und Laufwerk waren identisch. Die ersten Sturmgeschütze wurden im Frankreichfeldzug eingesetzt, danach begann die Serienproduktion. Die nun folgenden Ausf. B bis E unterschieden sich nur in Details. Bei Alkett entstanden bis März 1942 insgesamt 822 StuG III Ausf. A bis F.

Sturmgeschütz G III Ausf. D der StuG.Abt. 243, Ostfront Juli 1941.

Grzegorz Jackowski

Sturmgeschütz III Ausf. F und G Sd.Kfz. 142/1

Typ:	Sturmgeschütz
Hersteller:	Alkett, Miag
Gefechtsgew.:	23 900 kg
Länge:	6770 mm (mit Rohr)
Breite:	2950 mm (mit Schürzen 3410 mm)
Höhe:	2150 mm
Motor:	Maybach HL 120 TRM, 12-Zylinder-Benzinmotor
Hubraum:	11 870 ccm
Leistung kw/PS:	221/300
Leistungsgew.:	12,5 PS/t
Höchstgeschw.:	40 km/h (Straße) 19 km/h (Gelände)
Kraftstoffvorrat:	320 l
Fahrbereich:	130 km (Straße) 80 km (Gelände)
Besatzung:	4
Bewaffnung:	1 x 7,5-cm-StuK 40 L/48, 1 x 7,92-mm-MG 34
Panzerung:	10 bis 80 mm (+ 5-mm-Schürzen)
Furttiefe:	0,8 m

Obwohl sie ursprünglich nur zur Unterstützung von Infanterieangriffen geplant waren, wurden Sturmgeschütze immer öfter zur Panzerbekämpfung verwendet. Die 7,5-cm-StuK L/24 besaß aufgrund ihrer geringen Mündungsgeschwindigkeit dafür aber zu wenig Leistung. Die Ausf. F wurde deshalb mit der durchschlagskräftigeren StuK 40 L/43 ausgerüstet, um Ziele bereits auf größere Entfernungen bekämpfen zu können. Ab der Ausf. F wurde die Kennnummer in Sd.Kfz. 142/1 geändert. Nachdem 360 Fahrzeuge der Ausf. F gebaut worden waren, wurde diese Version noch einmal verbessert und als F/8 von September bis November 1942 in 334 Exemplare hergestellt. Die Änderungen betrafen vor allem das Panzerkastenoberteil sowie den Einbau der 7,5 cm-StuK 40 L/48, die auf 1000 m Entfernung 85 mm Panzerstahl durchschlug. Zudem wurde die Frontpanzerung von 50 auf

StuG III Ausf. G mit verbolzter Kastenblende und seitlichen Schützen, Ostfront, Winter 1943/44.

Grzegorz Jackowski

Oben – StuG III Ausf. F der 1. StuG.Abt. der 1.SS-Pz.Div. Leibstandarte Adolf Hitler, *Kursk (Russland), Juli 1943.*
Rechts – Stug III Ausf. F mit aufgeschraubter Zusatzpanzerung im Frontbereich, jedoch ohne Schürzen.

80 mm verstärkt. Viele Fahrzeuge früherer Versionen wurden später nachgerüstet und erhielten die StuK 40, so dass es zu zahlreichen Mischformen kam.
Letzte und meist produzierte Version des StuG III war die Ausf. G, die ab Dezember 1942 gefertigt wurde. Diese Version war erneut stärker gepanzert und besaß eine neue Kommandantenkuppel sowie standardmäßig einen abklappbaren MG-Schild. Seitliche Panzerschürzen zum Schutz vor Panzerbüchsen- und Hohlladungsgeschossen fanden ab April 1943 Verwendung, zudem erhielten viele StuG III eine Zimmeritbeschichtung. Im Februar 1944 wurde anstelle der verbolzten Kastenblende eine gegossene Topf- oder Saukopfblende eingeführt, die einen besseren Schutz bot.
Ab April 1944 kam ein von innen fernbedienbares MG zum Einbau. Sturmgeschütze blieben bis Kriegsende in Bau. Neben der Wehrmacht nutzen auch deren Verbündete StuG III, Finnland z.B. noch viele Jahre nach Kriegsende. Auch die Rote Armee setzte erbeutete StuG III ein und rüstete diese teils sogar auf 7,62-cm-Kanonen um. Insgesamt wurden rund 7720 StuG III Ausf. G gebaut, dazu entstanden 1944 noch einmal 173 aus umgebauten ehemaligen PzKpfw. III.

Mitte und unten – Auch die Verbündeten erhielten eine Anzahl StuG III Ausf. F, hier Fahrzeuge der bulgarischen Armee.

Sturmgeschütz III für 10,5-cm-StuH 42 Sd.Kfz. 142/2

Typ:	Sturmgeschütz
Hersteller:	Alkett
Gefechtsgew.:	24 500 kg
Länge:	6140 mm (mit Rohr)
Breite:	2950 mm (mit Schürzen 3410 mm)
Höhe:	2150 mm
Motor:	Maybach HL 120 TRM, 12-Zylinder-Benzinmotor
Hubraum:	11 870 ccm
Leistung kw/PS:	221/300
Leistungsgew.:	12,2 PS/t
Höchstgeschw.:	40 km/h (Straße) 19 km/h (Gelände)
Kraftstoffvorrat:	320 l
Fahrbereich:	130 km (Straße) 80 km (Gelände)
Besatzung:	4
Bewaffnung:	1 x 10,5-cm-StuH 42 L/42, 1 x 7,92-mm-MG 34
Panzerung:	10 bis 80 mm (+ 5-mm-Schürzen)
Furttiefe:	0,8 m

Durch den Einbau der langen StuK 40 war aus dem einstigen Fahrzeug zur Infanterieunterstützung im Grunde ein Jagdpanzer geworden. Daher baute Alkett ab Oktober 1942 eine neue Version des Stug III, die mit einer 10,5-cm-Sturmhaubitze (StuH) 42 L/28, einer modifizierten leFH 18, ausgerüstet war. Die ersten dieser Unterstützungsfahrzeuge verwendeten das Fahrgestell des StuG III Ausf. F/8, spätere Exemplare der StuH 42 basierten dann auf der Ausf. G und durchliefen die selben Änderungen, die auch am Grundmodell durchgeführt wurden.
Bis September 1944 war die Hauptwaffe noch mit einer Mündungsbremse ausgerüstet, danach fiel diese weg. Der Munitionsvorrat der 10,5-cm-StuH 42 betrug 36 Schuss, darunter 10 Hohlladungsgranaten zur Panzer- und Bunkerbekämpfung. Von Oktober 1942 bis März 1945 entstanden bei Alkett 1212 Stück.

Sturmpanzer I *während des Westfeldzuges, Mai-Juni 1940.*

Sturmgeschütz IV Sd.Kfz. 167

Typ:	Sturmgeschütz
Hersteller:	Daimler-Benz, Krupp
Gefechtsgew.:	23 000 kg
Länge:	6700 mm (mit Rohr)
Breite:	2900 mm (3350 mm mit Schürzen)
Höhe:	2200 mm
Motor:	Maybach HL 120 TRM, 12-Zylinder-Benzinmotor
Hubraum:	11 870 ccm
Leistung kw/PS:	221/300
Leistungsgew.:	13 PS/t
Höchstgeschw.:	38 km/h (Straße) 16 km/h (Gelände)
Kraftstoffvorrat:	430 l
Fahrbereich:	180 km (Straße) 120 km (Gelände)
Besatzung:	4
Bewaffnung:	1 x 7,5-cm-StuK 40 L/48, 1 x 7,92-mm-MG 34
Panzerung:	10 bis 80 mm (+ 5-mm-Schürzen)
Furttiefe:	0,8 m

Bereits Anfang 1943 hatte Krupp geprüft, ob der Panzeraufbau des StuG III auf die Wanne des PzKpfw. IV gesetzt werden könnte. Da das aber nur unter Vernachlässigung der Produktion des PzKpfw. IV möglich gewesen wäre, verwarf das Waffenamt diese Pläne. Als im September die StuG III-Produktion bei Alkett jedoch aufgrund eines schweren Bombenangriffes vorerst völlig zum Erliegen kam, erhielt zunächst Daimler-Benz den Auftrag zum Bau des StuG IV, nach 30 Exemplaren ging die Fertigung dann an das Krupp-Gruson Werk Magdeburg. Äußerlich unterschieden sich StuG III und IV vor allem durch den rechts vorn befindlichen Fahrererker am StuG IV. Auch nachdem die Produktion bei Alkett wieder angelaufen war, wurde der Bau bei Krupp weitergeführt, um zeitweilige Fertigungsausfälle beim StuG III zu kompensieren. Die während des Bau des StuG III eingeführten Veränderungen wurden auch für das StuG IV übernommen. Insgesamt entstanden von Dezember 1943 bis März 1945 insgesamt 1139 StuG IV.

Bild eines StuG IV im Krupp-Gruson Werk im Magdeburg, September1944.

StuG IV einer unbekannten Einheit 1944 in Italien.

Sturmpanzer I *während des Westfeldzuges, Mai/Juni 1940.*

15cm-sIG 33 (Sf) auf PzKpfw. I Ausf. B *Sturmpanzer I*

Dieses Fahrzeug stellte den erste Versuch der Wehrmacht zur Schaffung einer mobilen Panzerartillerie dar. Obwohl es die Bezeichnung *Sturmpanzer I* trug, war es doch nur eine äußerst behelfsmäßige Selbstfahrlafette. Dabei wurde auf die unveränderte Wanne eines PzKpfw. I Ausf. B ein 15-cm-sIG 33 mitsamt Lafette und Rädern aufgesetzt und vorn sowie seitlich von hohen, 10 mm starken Panzerwänden umgeben. Hinten und oben blieb der Kampfraum, in dem nur Raum für drei Schuss Munition war, offen. Zusätzliche Munition musste auf einem Begleitfahrzeug mitgeführt werden.
Alkett baute im Januar und Februar 1940 38 dieser Fahrzeuge aus vorhandenen Panzer I Ausf. B Fahrgestellen, die sich im Einsatz durch das hohe Gewicht als überlastet erwiesen. Erstaunlicherweise wurden die letzten *Sturmpanzer I* aber erst 1943 außer Dienst gestellt.

Typ:	Artillerie-Selbstfahrlafette
Hersteller:	Alkett
Gefechtsgew.:	8500 kg
Länge:	4420 mm
Breite:	2060 mm
Höhe:	3350 mm
Motor:	Maybach NL 38 TR, 6-Zylinder-Benzinmotor
Hubraum:	3790 ccm
Leistung kw/PS:	73/100
Leistungsgew.:	11,8 PS/t
Höchstgeschw.:	35 km/h (Straße)
Kraftstoffvorrat:	146 l
Fahrbereich:	160 km (Straße) 120 km(Gelände))
Besatzung:	4
Bewaffnung:	1 x 15-cm-sIG 33 L/11,4
Panzerung:	Wanne 6 bis 13 mm Aufbau 10 mm
Furttiefe:	0,58 m

15cm-sIG 33 (Sf) auf Pzkpfw. II Ausf. B *Sturmpanzer II*

Typ:	Sturmpanzer
Hersteller:	Alkett
Gefechtsgew.:	12 000 kg
Länge:	5410 mm
Breite:	2280 mm
Höhe:	1600 mm
Motor:	Maybach HL 62 TRM, 6-Zylinder-Benzinmotor
Hubraum:	6191 ccm
Leistung kw/PS:	103/140
Leistungsgew.:	11,7 PS/t
Höchstgeschw.:	40 km/h (Straße) Gelände 19 km/h
Kraftstoffvorrat:	170 l
Fahrbereich:	150 km (Straße) 90 km (Gelände)
Besatzung:	5
Bewaffnung:	1 x 15-cm-sIG 33 L/11,4
Panzerung:	5 bis 20 mm
Furttiefe:	0,92 m

Auch der zweite Versuch, das sIG 33 mobil zu machen, der *Sturmpanzer II*, ergab keine gelungene Selbstfahrlafette. Alkett stellte im Oktober 1941 den ersten Prototypen vor. Wanne und Laufwerk des Panzers II Auf. B waren um ein Laufrad je Seite verlängert und das Wannendach angenommen worden, so dass ein offener Kampfraum entstand. Das sIG 33, für das 30 Schuss Munition mitgeführt wurden, war tief in die Wanne eingelassen und ragte aus der Fahrerfront heraus, so dass die Höhe des Fahrzeugs nur 1600 mm betrug. Der geringe Aufzug und die Feuerkraft waren die einzigen Vorteile des *Sturmpanzers II*, denn der Panzerschutz war unzureichend und das Fahrgestell sowie der Antrieb überfordert. Alkett baut insgesamt nur zwölf Exemplare, die sämtlich im Frühjahr 1942 in Nordafrika eingesetzt wurden.

Sturmpanzer II *der 15. Pz.Div. Nordafrika, 1942*

Vincent Bourguignon

Sturminfanteriegeschütz 33 auf PzKpfw. III

Das Sturminfanteriegeschütz 33 entstand aufgrund der Forderung des Heereswaffenamtes nach einem schwer bewaffneten Fahrzeug, das zum Beschuss von Bunkern und Gebäuden eingesetzt werden sollte. Alkett entwarf diesen Sturmpanzer auf Basis des StuG III Ausf. B, das allerdings einen völlig anderen, kastenartiger Panzeraufbau erhielt, in dessen Front sich das schwere 15-cm-Infanteriegeschütz 33 (sIG 33) L/11 in einer gleitenden Blende befand. Da die Waffe vor allem zum direkten Beschuss eingesetzt werden sollten, konnte sie nur max. 25° angehoben werden. Rechts im Aufbau befand sich zur Selbstverteidigung ein MG 34 in einer Kugelblende. Ihrer Aufgabe entsprechend waren diese Fahrzeuge im Frontbereich bis zu 80 mm stark gepanzert. Von Dezember 1941 bis Oktober 1942 baute Alkett insgesamt 24 Exemplare, die allerdings entgegen dem ursprünglichen Entwurf auf Fahrgestellen des StuG III Ausf. E basierten und alle an der Ostfront zum Einsatz kamen.

Typ:	Sturmpanzer
Hersteller:	Alkett
Gefechtsgew.:	22 000 kg
Länge:	5500 mm
Breite:	2950 mm
Höhe:	2300 mm
Motor:	Maybach HL 120 TRM, 12-Zylinder-Benzinmotor
Hubraum:	11 870 ccm
Leistung kw/PS:	221/300
Leistungsgew.:	13,5 PS/t
Höchstgeschw.:	40 km/h (Straße) 19 km/h (Gelände)
Kraftstoffvorrat:	320 l
Fahrbereich:	140 km (Straße) 90 km (Gelände)
Besatzung:	5
Bewaffnung:	1 x 15-cm-sIG 33 L/11, 1 x 7,92-mm-MG 34
Panzerung:	10 bis 80 mm
Furttiefe:	0,8 m

StuIG 33 der StuG.Abt 177, Stalingrad (Russland), Ende 1942.

Vincent Bourguignon

Sturmpanzer IV Sd.Kfz. 166 *Brummbär*

Typ:	Sturmpanzer
Hersteller:	Steyr, Škoda
Gefechtsgew.:	28.200 kg
Länge:	5930 mm
Breite:	2900 mm (3350 mm mit Schürzen)
Höhe:	2520 mm
Motor:	Maybach HL 120 TRM, 12-Zylinder-Benzinmotor
Hubraum:	11870 ccm
Leistung kw/PS:	221/300
Leistungsgew.:	10,6 PS/t
Höchstgeschw.:	38 km/h (Straße) 16 km/h (Gelände)
Kraftstoffvorrat:	430 l
Fahrbereich:	180 km (Straße) 120 km (Gelände)
Besatzung:	5
Bewaffnung:	1 x 15-cm-StuH 43 L/12, später 1 x 7,92-mm-MG 34
Panzerung:	10 bis 100 mm
Furttiefe:	1,2 m

Der Sturmpanzer IV wurde ab Mitte 1942 gemeinsam von Krupp (Laufwerk) und Alkett (Aufbau) entworfen. Das auf dem PzKpfw. IV basierende Fahrzeug sollte vor allem im Kampf gegen Befestigungen und Häuser Verwendung finden. Daher wurde der Sturmpanzer IV stark gepanzert(Front 100 mm, Seiten 50 mm)und verfügte über eine 15-cm-StuH 43 L/12 in einer Kugelblende. Zunächst war dies die einzige Bewaffnung, Erfahrungen im Einsatz zeigten aber, dass gegen Infanterieangriffe ein

Eine späte Ausführung des Brummbär mit MG in Kugelblende oben in der Frontplatte. Panzermuseum Munster. (Ikeda Shinobu)

Der Zimmerit-Belag des Brummbär *ist auf diesem Bild gut zu erkennen.*

Vincent Bourguignon

MG unerlässlich war, weshalb später produzierte Fahrzeuge ein MG 34 in einer Kugelblende sowie Panzerschürzen und eine Zimmerit-Schicht erhielten. Das hohe Gewicht überlastete aber Fahrgestell und Antrieb des PzKpfw. IV. Die Fahrgestelle wurden bei Steyr, die Haubitzen bei Škoda hergestellt und im Heereszeugamt Wien endmontiert. Ab Juni 1944 erfolgte die Endmontage in den Deutschen Eisenwerken in Duisburg. Zwischen März 1943 und März 1945 entstanden so insgesamt 306 Sturmpanzer IV aus neuen und instandgesetzten Panzer-IV-Fahrgestellen.

Links – Sturmpanzer IV, Aberdeen Proving Ground, Maryland (USA). Wie bei vielen dort ausgestellten Fahrzeugen ist der Zustand nach über 60 Jahren im Freien alles andere als gut und auch die Farbgebung hat leider nichts mehr mit dem Originalzustand zu tun.

Unten – Eine frühe Sturmpanzer IV Ausführung ohne MG in Kugelblende, Russland 1943.

Sturmpanzer VI Ausf. E *Sturmtiger*

Typ:	Sturmpanzer
Hersteller:	Henschel, Alkett
Gefechtsgew.:	65 000 kg
Länge:	6280 mm
Breite:	3570 mm
Höhe:	2850 mm
Motor:	Maybach HL 230 P 45 TRM, 12-Zylinder-Benzinmotor
Hubraum:	23 000 ccm
Leistung kw/PS:	515/700
Leistungsgew.:	10,8 PS/t
Höchstgeschw.:	40 km/h (Straße) 20 km/h (Gelände)
Kraftstoffvorrat:	540 l
Fahrbereich:	100 km (Straße) 60 km (Gelände)
Besatzung:	5
Bewaffnung:	1 x 38-cm-RW 61 L/5,4, 1 x 7,92-mm-MG 34
Panzerung:	25 bis 150 mm
Furttiefe:	1,2 m

Unter dem Eindruck erbitterter Straßenkämpfe an der Ostfront wurden bei der Wehrmacht Überlegungen zu einem Fahrzeug angestellt, das die Infanterie in bebauten Gebieten wirkungsvoll unterstützen sollte. Alkett entwickelte daraufhin auf der Basis des *Tiger* einen Sturmpanzer, der mit einem ursprünglich für die Marine konstruierten 38-cm-Raketenwerfer bewaffnet war. Ein erster Prototyp wurde am 20. Oktober 1943 Hitler vorgestellt. Alkett baute 1944 insgesamt 18 dieser Fahrzeuge, die alle aus beschädigten *Tigern* entstanden. Wanne, Antrieb und Fahrgestell stammten vom Kampfpanzer, anstelle des Turmes wurde aber ein massiv gepanzerter (Front 150 mm) Aufbau mit 38-cm-RW 61 L/5,4 verwendet. Für diese Waffe wurden 15 je 350 kg schwere Raketengranaten mitgeführt, die bis zu 6000 m weit verschossen werden konnten. Um das Beladen mit der schweren Munition zu erleichtern, befand sich hinten am Aufbau ein kleiner Kran.

Sturmtiger *der Sturmmörserkompanie (St.Mrs.Kp.) 1002, Ardenneoffensive, Dezember 1944.*

Vincent Bourguignon

10,5-cm-leFH 18/1(Sf) auf Gw. IV b

Sd.Kfz. 165/1

Typ:	Panzerhaubitze
Hersteller:	Krupp
Gefechtsgew.:	18 000 kg
Länge:	5950 mm (mit Rohr)
Breite:	2870 mm
Höhe:	2250 mm
Motor:	Maybach HL 66 P, 6-Zylinder-Benzinmotor
Hubraum:	6754 ccm
Leistung kw/PS:	132/180
Leistungsgew.:	10 PS/t
Höchstgeschw.:	36 km/h (Straße) 16 km/h (Gelände)
Kraftstoffvorrat:	410 l
Fahrbereich:	240 km (Straße) 130 km (Gelände)
Besatzung:	4
Bewaffnung:	1 x 10,5-cm-leFH 18/1 L/28
Panzerung:	10 bis 30 mm
Furttiefe:	0,8 m

Der Entwurf dieser Panzerhaubitze begann bei Krupp bereits im Herbst 1939, allerdings wurden die ersten Prototypen erst 1941 vorgestellt. Diese beiden Fahrzeuge basierten auf einem Panzer-IV-Fahrgestell, bei dem Krupp statt der üblichen vier Rollenwagen mit kleinen Laufrollen nur drei mit etwas größeren Laufrollen montiert hatte. In einem oben offenen Turm, der zu jeder Seite um 70° schwenkbar war, trugen die beiden Prototypen eine 10,5-cm-leFH 18/1, für die 60 Schuss mitgeführt werden konnten. Nach ersten Tests bestellte das Heereswaffenamt bei Krupp im Dezember 1941 200 dieser Panzerhaubitzen. Als sich jedoch herausstellte, dass die gleiche Waffe mit weniger Aufwand auf das Fahrgestell des Panzer II *Wespe* gesetzt werden konnte, wurde der Auftrag storniert. Dennoch baute Krupp von August bis November 1942 weitere acht Fahrzeuge, die anschließen an der Ostfront erprobt wurden. Eine Umrüstung auf die 15-cm-sFH 18 erwies sich als nicht durchführbar, so dass das Programm eingestellt wurde.

15-cm-sFH 13/1 auf Gw. Lr.S. (f)

Sd.Kfz. 135/1

Typ:	Panzerhaubitze
Hersteller:	Lorraine, Alkett, Baukommando Becker
Gefechtsgew.:	8400 kg
Länge:	5310 mm
Breite:	2230 mm
Höhe:	1830 mm
Motor:	Delahaye 103TT, 6-Zylinder-Benzinmotor
Hubraum:	3556 ccm
Leistung kw/PS:	51,5/70
Leistungsgew.:	8,3 PS/t
Höchstgeschw.:	35 km/h (Straße)
Kraftstoffvorrat:	112,5 l
Fahrbereich:	135 km (Straße)
Besatzung:	5
Bewaffnung:	1 x 15-cm-sFH 13/1 L/17, 1 x 7,92-mm-MG 34
Panzerung:	5 bis 12 mm,
Furttiefe:	0,5 m

Die in Franreich erbeuteten rund 300 Lorraine-Schlepper (Lr.S.) boten sich aufgrund ihrer Bauweise (Motor in der Fahrzeugmitte, Transportraum im Heck) geradezu dazu an, zu Selbstfahrlafetten umgestaltet zu werden. So entstand auf Basis dieser Fahrzeuge neben den bekannten *Marder I* Panzerjägern auch Panzerhaubitzen. Auf persönlichen Befehl Hitlers vom Mai 1942 baute Alkett bis Juni jenes Jahres zunächst 30 Lr.S. mit alten 15-cm-sFH 13/1 aus Lagerbeständen zu Panzerhaubitzen um, die in Nordafrika eingesetzt wurden.
Im Sommer 1942 fertigte das Waffenamt Paris/Baukommando Becker noch einmal 72 Selbstfahrlafetten dieser Art. Zusätzlich entstanden bei Alkett und durch das Baukommando Becker im Herbst und Winter 1942 24 sehr ähnliche, mit einer 10,5-cm-leFH 18/4 ausgerüstete Fahrzeuge. Um den beträchtlichen Rückstoß dieser schweren Waffen aufnehmen zu können, erhielten beide Panzerhaubitzenmodelle am Heck Erdsporne, die vor dem Feuern abgesenkt wurden. Weitere 30 Lr.S. wurden durch das Baukommando Becker zu Funk- und Beobachtungspanzern umgebaut.

10,5-cm-leFH 18/3 auf Gw. B 2 (f)

Typ:	Panzerhaubitze
Hersteller:	Renault, Rheinmetall
Gefechtsgew.:	32 500 kg
Länge:	6370 mm
Breite:	2500 mm
Höhe:	3010 mm
Motor:	Renault 307, 6-Zylinder-Benzinmotor
Hubraum:	16 500 ccm
Leistung kw/PS:	221/300
Leistungsgew.:	9,2 PS/t
Höchstgeschw.:	25 km/h (Straße)
Kraftstoffvorrat:	400 l
Fahrbereich:	140 km (Straße) 100 km (Gelände)
Besatzung:	5
Bewaffnung:	1 x 10,5-cm-leFH 18/3 L/28
Panzerung:	Wanne 20 bis 60 mm Aufbau 20 mm
Furttiefe:	0,7 m

Schwere französische Kampfpanzer des Typs Char B1 und B1-bis hatten mit ihrer starken Panzerung von bis zu 60 mm, der 4,7-cm-Kanone im Turm und einer 7,5-cm-Kanone in der Wanne während des Frankreichfeldzuges nachhaltigen Eindruck hinterlassen. 60 erbeutete Fahrzeuge wurden von Daimler-Benz zwischen November 1941 und Juni 1942 zu Flammpanzern umgerüstet. Dazu wurde die 7,5-cm-Kanone in der Wanne durch eine Flammrohr ersetzt und am Heck des Panzers ein großer, 30 mm stark gepanzerter Flammölbehälter angebracht.

Als Begleitartillerie für diese Fahrzeuge entstanden bei Rheinmetall in etwa zeitgleich 18 Panzerhaubitzen auf dem Fahrgestell des bei der Wehrmacht PzKpfw. B 2 (f) genannten Kampfwagens. Dazu wurden Turm sowie die in der Wanne befindliche Kanone entfernt und durch einen Panzeraufbau mit einer 10,5-cm-leFH 18/3 ersetzt. Erbeutete Panzer dieses Typs dienten zudem auch als Fahrschulwagen.

Vincent Bourguignon

15-cm-sFH 18/1 auf Gw. III/IV (Sf)

Sd.Kfz. 165 *Hummel*

Die Panzerhaubitze *Hummel* entstand aufgrund der Forderung der Wehrmacht nach schwerer, mobiler Artillerie zur Unterstützung der Panzertruppe. Das Fahrzeug war eine Kombination aus dem Gw. III/IV *(Nashorn)* und der schweren Feldhaubitze (sFH) 18 des Kalibers 15 cm, die in einem nach oben ungeschützten Kampfraum im Heck des Gw. lag. Zum Schutz gegen Infanterieangriffe führte die Besatzung zudem ein MG 34 mit. Alkett und die Deutschen Eisenwerke produzierten von Ende 1942 bis zum Jahreswechsel 1944/45 insgesamt 666 Panzerhaubitzen sowie zusätzlich 150 Munitionsfahrzeuge, da die *Hummel* nur 18 der großen 15-cm-Granaten mitführen konnten. Wie im Falle der *Wespe* konnte die Truppe auch diese Munitionsträger rasch durch Aufsetzen einer sFh in vollwertige Panzerhaubitzen umrüsten. Obwohl nur als Zwischenlösung geplant, stand das Sd.Kfz. 165 bis Mai 1945 im Einsatz.

Hummel *der Art.Abt. der Pz.Gren.Div.* Großdeutschland*, Ostfront 1944.*

Grzegorz Jackowski

Dieses guterhaltene Sd.Kfz.165 befindet sich heute im Panzermuseum Munster. (Ikeda Shinobu)

Typ:	Panzerhaubitze
Hersteller:	Alkett, Deutsche Eisenwerke
Gefechtsgew.:	24 000 kg
Länge:	7170 mm (mit Rohr)
Breite:	2950 mm
Höhe:	2850 mm
Motor:	Maybach HL 120 TRM, 12-Zylinder-Benzinmotor
Hubraum:	11 870 ccm
Leistung kw/PS:	221/300
Leistungsgew.:	12,5 PS/t
Höchstgeschw.:	40 km/h (Straße) 20 km/h (Gelände)
Kraftstoffvorrat:	470 l
Fahrbereich:	220 km (Straße) 130 km (Gelände)
Besatzung:	6
Bewaffnung:	1 x 15-cm-sFH 18/1 L/30, 1 x 7,92-mm-MG 34
Panzerung:	Wanne 10 bis 30 mm Aufbau 10 mm
Furttiefe:	0,8 m

10,5-cm-leFH 18/2 auf Gw. II (Sf)

Sd.Kfz. 124 *Wespe*

Die Entwicklung des Sd.Kfz. 124 begann Mitte 1942, wobei MAN für das Fahrgestell, Alkett für den Aufbau und Rheinmetall für die Waffe verantwortlich zeichneten. Die Produktion der *Wespe* erfolgte hingegen bei FAMO in Warschau, wo zwischen Februar 1943 und Sommer 1944 682 Panzerhaubitzen und 158 unbewaffnete Munitionsfahrzeuge gebaut wurden. Die *Wespe* basierte auf dem Fahrgestell des PzKpfw. II Ausf. F, wobei die Wanne modifiziert und der Motorraum in die Mitte verlegt worden war, um im Heck Platz für einen oben offenen Kampfraum zu schaffen. Beim Bau der Fahrzeuge wurden sowohl neu produzierte als auch vorhandene Panzer-II-Fahrgestelle genutzt. Spätere *Wespen* sind an der um 220 mm verlängerten Wanne zu erkennen. Die Bewaffnung bestand aus der bewährten leichten Feldhaubitze (leFH) 18 von Rheinmetall, der Hauptstütze der Artillerietruppe. Zusätzlich wurde im Kampfraum ein MG mitgeführt. Die *Wespen* blieben bis Kriegsende im Einsatz.

Wespe *des Pz.Art. Reg. der 10.SS-Pz.Div.* Frundsberg, *Frankreich 1943.*

Typ:	Panzerartillerie
Hersteller:	FAMO
Gefechtsgew.:	11 800 kg
Länge:	4810 mm
Breite:	2280 mm
Höhe:	2320 mm
Motor:	Maybach HL 62 TRM, 6-Zylinder-Benzinmotor
Hubraum:	6191 ccm
Leistung kw/PS:	103/140
Leistungsgew.:	11,9 PS/t
Höchstgeschw.:	40 km/h (Straße) 20 km/h (Gelände)
Kraftstoffvorrat:	170 l
Fahrbereich:	140 km (Straße) / 90 km (Gel.)
Besatzung:	5
Bewaffnung:	1 x 10,5-cm-leFH 18/2 L/28, 1 x 7,92-mm-MG 34
Panzerung:	Wanne 5 bis 20 mm Aufbau 10 bis 12 mm
Furttiefe:	0,92 m

Oben – Sd.Kfz. 124 im Panzermuseum Munster. (Ikeda Shinobu)

Links – Eine von der US Armee abgeschossene Wespe *nahe Mortrée, Normandie, Juli 1944.*
(NARA, via Conseil Régional de Basse-Normandie)

15cm-sIG-33/2 (Sf) auf Gw. 38 (t) Ausf. H und M

Sd.Kfz. 138/1 Grille

Von dieser Selbstfahrlafette auf Basis des zuverlässigen und flexiblen Fahrgestells des PzKpfw. 38 (t) existierten zwei Varianten, die analog zu den beiden Versionen des Panzerjägers *Marder III* den Motorraum im Heck (H) oder in der Mitte (M) hatten. Ursprünglich sollte nur die Ausf. M produziert werden, da sich aber der Bau der entsprechenden Fahrgestelle verzögerte, fertige BMM zwischen Februar und April 1943 91 Exemplare der Ausf. H. Das sIG 33/2 befand sich dabei in einem oben offenen Panzeraufbau, der an die Stelle des Turms gerückt war. Von April 1943 bis September 1944 produzierte BMM dann noch einmal 282 Fahrzeuge der Ausf. M mit sIG 33/2 und weitere 120 Munitionsschlepper auf gleicher Basis. Sowohl die Version H als auch die Version M der *Grille* konnten nicht überzeugen. Der Rückstoß der Waffe führte zu starken Nickbewegungen und belastete das Fahrgestell über Gebühr.

Typ:	Panzerhaubitze
Hersteller:	BMM
Gefechtsgew.:	12 700 kg
Länge:	4870 mm
Breite:	2150 mm
Höhe:	2470 mm
Motor:	Praga EPA 2 TZJ, 6-Zylinder-Benzinmotor
Hubraum:	7754 ccm
Leistung kw/PS:	103/140
Leistungsgew.:	11,7 PS/t
Höchstgeschw.:	35 km/h (Straße) 15 km/h (Gelände)
Kraftstoffvorrat:	220 l
Fahrbereich:	210 km (Straße) 140 km (Gelände)
Besatzung:	5
Bewaffnung:	1 x 15-cm-SIG 33/2 L/11,4
Panzerung:	10 bis 40 mm
Furttiefe:	0,9 m

Rechts oben und unten – Zwei Ansichten einer Grille mit Mittelmotor (Ausf. M) auf dem Aberdeen Proving Ground, Maryland (USA).

Unten – Grille mit Motot im Heck (Ausf. H).

Vincent Bourguignon

10,5-cm-leFH 18/1 auf Waffenträger Gw. IV b

Heuschrecke 10

Dieser Waffenträger war eine ungewöhnliche Konstruktion, da mittels eines am Fahrzeug angebrachten Kranes der Turm mitsamt Hauptwaffe abgehoben werden und auf eine ebenfalls mitgeführte Lafette gesetzt werden konnte, um so auch unabhängig eingesetzt werden zu können. Der Entwurf stammt von 1942 und erfolgte bei Krupp, er weist gewisse Ähnlich-

keiten mit der aus dem gleichen Hause stammenden 10,5-cm-leFH 18/1(Sf) auf Gw. IV b auf. Blieb der oben offene Turm auf dem Waffenträger, konnte er um 360°geschwenkt werden, was einen deutlichen Fortschritt gegenüber den bis dorthin eingesetzten Panzerhaubitzen bedeutete. Krupp baute ab Mai 1943 drei Prototypen, die noch die 10,5-cm-leFH 18/1 besaßen. Die ab Mai 1944 geplanten Serienmodelle sollten die neu konstruierte leFH 43 gleichen Kalibers erhalten. Zu einer Serienproduktion kam es jedoch nicht. Ein ähnliches Rheinmetall-Projekt sowie diverse Entwürfe schwerer Waffenträger auf Basis des *Panther* erreichten nicht einmal das Prototypenstadium.

Typ:	Panzerhaubitze
Hersteller:	Krupp
Gefechtsgew.:	23 000 kg
Länge:	6000 mm (mit Rohr)
Breite:	3000 mm
Höhe:	3000 mm
Motor:	Maybach HL 90 , 12-Zylinder-Benzinmotor
Hubraum:	9990 ccm
Leistung kw/PS:	265/360
Leistungsgew.:	15,7 PS/t
Höchstgeschw.:	45 km/h (Straße) 24 km/h (Gelände)
Kraftstoffvorrat:	k.A
Fahrbereich:	300 km (Straße)
Besatzung:	4
Bewaffnung:	1 x 10,5-cm-leFH 18/1 L/28
Panzerung:	10 bis 30 mm
Furttiefe:	0,8 m

Das letzte noch erhaltene Exemplar einer Heuschrecke 10 *befindet sich heute auf dem Aberdeen Proving Ground, Maryland (USA). Auch bei diesem seltenen Fahrzeug entspricht die Farbgebung wie bei vielen dort zu sehenden Panzern leider überhaupt nicht mehr dem Original.*

60-cm-Mörser Gerät 40/41 Thor

Typ:	Artillerie-Selbstfahrlafette
Hersteller:	Rheinmetall
Gefechtsgew.:	120 000 kg
Länge:	11 150 mm
Breite:	3160 mm
Höhe:	4780 mm
Motor:	Daimler-Benz 507, 12-Zylinder-Dieselmotor
Hubraum:	42.300 ccm
Leistung kw/PS:	427/580
Leistungsgew.:	4,8 PS/t
Höchstgeschw.:	10 km/h (Straße)
Kraftstoffvorrat:	1200 l
Fahrbereich:	k.A
Besatzung:	16
Bewaffnung:	60-cm-Mörser L/8,45 oder 54-cm-Mörser L/13
Panzerung:	max. 12 mm
Furttiefe:	k.A

Dabei handelte es sich nicht um eine Panzerhaubitze im eigentlichen Sinne, sondern eher um eine Selbstfahrlafette für schwere Belagerungsmörser. Die Vorarbeiten daran begannen bereits 1937, vorrangig sollten Festungswerke beschossen werden. Zunächst erhielten alle sechs gebauten Selbstfahrlafetten einen 60-cm-Mörser (Gerät 40), als deren Rohre verschlissen waren, kamen 54-cm-Waffen zum Einbau (Gerät 41). Ein siebter, ab Werk mit dem 54-cm-Rohr ausgerüsteter Mörser, kam nie zum Einsatz. Das hohe Gewicht machte den Marsch über lange Strecken unmöglich, daher mussten die Geräte zum Transport in drei Lasten zerlegt oder mittels zweier Tragarme zwischen zwei spezielle Eisenbahnwagen gehängt werden. Vor dem Schuss wurde die Wanne hydraulisch auf den Boden abgesenkt, um die enormen Rückstoßkräfte besser aufnehmen zu können. Der Einsatz der Mörser erfolgte vor allem an der Ostfront, so 1941 gegen Brest-Litowsk und 1942 gegen Sewastopol. Jeder Selbstfahrlafette wurden zwei spezielle Munitionsschlepper auf Basis PzKpfw. IV zugeteilt, die über Kräne zur Handhabung der bis zu 2180 kg schweren Granaten verfügten.

Flakpanzer 38 (t) mit 2-cm-Flak 38
Sd.Kfz. 140

Typ:	Flak-Selbstfahrlafette
Hersteller:	BMM
Gefechtsgew.:	9800 kg
Länge:	4650 mm
Breite:	2150 mm
Höhe:	2250 mm
Motor:	Praga AC 6, 6-Zylinder-Benzinmotor
Hubraum:	7754 ccm
Leistung kw/PS:	110/150
Leistungsgew.:	15,3 PS/t
Höchstgeschw.:	45 km/h (Straße) 20 km/h (Gelände)
Kraftstoffvorrat:	220 l
Fahrbereich:	210 km (Straße) 140 km (Gelände)
Besatzung:	4
Bewaffnung:	1 x 2-cm-Flak 38
Panzerung:	8 bis 15 mm
Furttiefe:	0,9 m

Die zunehmende Luftüberlegenheit der alliierten Streitkräfte bewies der Wehrmachtsführung ab 1943 deutlich die Notwendigkeit eines Flakpanzers. Da die vorgesehenen Entwicklungen auf der Basis des PzKpfw. IV jedoch nicht rasch genug zur Verfügung standen, wurde BMM beauftragt, unter Verwendung des bewährten Gw. 38 (t) Ausf. M einen Flakpanzer zu entwickeln. Dabei befand sich die 2-cm-Flak 38 in einem oben offenen Kampfraum mit niedrigen Seitenwänden am Fahrzeugheck. Es konnten 540 Schuss 2-cm-Munition mitgeführt werden. Insgesamt bewährte sich der Flakpanzer 38 (t) nicht. Panzerschutz sowie Wirkung und Schussfolge der einzelnen 2-cm-Flak waren unzureichend. Von den bestellten 162 Flakpanzern lieferte BMM daher zwischen November 1943 und Juni 1944 nur 152 als solche aus, die restlichen zehn Fahrgestelle wurden als Selbstfahrlafetten des Typs *Grille* fertiggestellt.

Die Feuerkraft der einzelnen 2-cm-Flak 38 des Flakpanzers 38 (t) genügte den Anforderungen von 1944 nicht mehr.

Flakpanzer IV mit 3,7-cm-Flak 43

Sd.Kfz. 161/3 *Möbelwagen*

Typ:	Flakpanzer
Hersteller:	Krupp, Deutsche Eisenwerke
Gefechtsgew.:	24 000 kg
Länge:	5920 mm
Breite:	2950 mm
Höhe:	3100 mm
Motor:	Maybach HL 120 TRM, 12-Zylinder-Benzinmotor
Hubraum:	11 870 ccm
Leistung kw/PS:	221/300
Leistungsgew.:	12,5 PS/t
Höchstgeschw.:	38 km/h (Straße) 19 km/h (Gelände)
Kraftstoffvorrat:	470 l
Fahrbereich:	220 km (Straße) 130 km (Gelände)
Besatzung:	6 bis 7
Bewaffnung:	1 x 3,7-cm-Flak, 1 x 7,92-mm-MG 34
Panzerung:	Wanne 10 bis 80 mm Aufbau 20 mm
Furttiefe:	0,8 m

Krupp erhielt im Juni 1943 den Auftrag zur Schaffung eines Flakpanzers mit einem 2-cm-Flakvierling 38. Im Dezember des Jahres stellte die Firma daraufhin einen Prototyp auf Basis des Panzers IV vor, bei dem der Vierling auf der Wanne des Panzers saß und von abklappbaren Seitenwänden aus Panzerblech umgeben war. Um die Flak um 360° drehen zu können, war es notwendig, die Seitenwände des Panzeraufbaus abzuklappen, so dass die Geschützbedienung praktisch schutzlos war. Da sich herausstellte, dass für den 2-cm-Flakvierling nicht ausreichend Munition mitgeführt werden konnte, wurden die Serienfahrzeuge mit einer 3,7-cm-Flak 43 mit 416 Schuss Munition ausgerüstet, blieben aber ansonsten unverändert.

Ab März 1944 bauten Krupp-Gruson und die Deutschen Eisenwerke 240 Flakpanzer aus instandgesetzten Panzer IV Fahrgestellen der Ausf. H oder J. Aufgrund ihres hohen, kastenartigen Aufbaus hießen sie bei der Truppe *Möbelwagen*.

Flakpanzer IV mit 2-cm-Flakvierling 38

Sd.Kfz. 161/4 *Wirbelwind*

Typ:	Flakpanzer
Hersteller:	Ostbau Sagan
Gefechtsgew.:	22 000 kg
Länge:	5920 mm
Breite:	2950 mm
Höhe:	2760 mm
Motor:	Maybach HL 120 TRM, 12-Zylinder-Benzinmotor
Hubraum:	11 870 ccm
Leistung kw/PS:	221/300
Leistungsgew.:	13,6 PS/t
Höchstgeschw.:	38 km/h (Straße) 19 km/h (Gelände)
Kraftstoffvorrat:	470 l
Fahrbereich:	220 km (Straße) 130 km (Gelände)
Besatzung:	6
Bewaffnung:	1 x 2-cm-Flakvierling 38, 1 x 7,92-mm-MG 34
Panzerung:	Wanne 10 bis 80 mm, Turm 16 mm
Furttiefe:	0,8 m

Der *Wirbelwind* stellte gegenüber den Flak-Selbstfahrlafetten des Typs *Möbelwagen* eine erhebliche Verbesserung dar und gilt als erster echter Flakpanzer der Wehrmacht. Statt abklappbarer Seitenwände besaß der *Wirbelwind* einen um 360° schwenkbaren, vieleckigen Turm aus 16 mm starken Panzerblechen.
Um den Turm frei von Pulvergasen zu halten sowie aus Gründen der Feuerleitung – der Besatzung standen zu jener Zeit ja allein optische Beobachtungs- und Richtmittel zur Verfügung - musste dieser jedoch oben offen bleiben. Mit 3200 Schuss hatte er auch ausreichend 2-cm-Munition an Bord.
Wirbelwind entstanden sämtlich aus instandgesetzten Panzern IV beim Ostbau-Kommando Sagan. Dort wurde die Endmontage der von diversen Firmen gelieferten Komponenten (überholte Fahrgestelle von Krupp, Türme von den Deutschen Röhrenwerken, Flak von den Ostmark-Werken) vorgenommen. Ab August 1944 entstanden insgesamt 106 *Wirbelwind.*

Flakpanzer IV mit 3,7-cm-Flak 43

Sd.Kfz. 161/4 *Ostwind*

Typ:	Flakpanzer
Hersteller:	Deutsche Eisenwerke
Gefechtsgew.:	25 000 kg
Länge:	5920 mm
Breite:	2950 mm
Höhe:	2680 mm
Motor:	Maybach HL 120 TRM, 12-Zylinder-Benzinmotor
Hubraum:	11 870 ccm
Leistung kw/PS:	221/300
Leistungsgew.:	12 PS/t
Höchstgeschw.:	38 km/h (Straße) 19 km/h (Gelände)
Kraftstoffvorrat:	470 l
Fahrbereich:	220 km (Straße) 130 km (Gelände)
Besatzung:	5
Bewaffnung:	1 x 3,7-cm-Flak 43, 1 x 7,92-mm-MG 34
Panzerung:	Wanne 10 bis 80 mm, Turm 25 mm
Furttiefe:	0,8 m

Zwar verfügte der 2-cm-Flakvierling über eine hohe Schussfolge, die Wirkung der 2-cm-Granaten gegen gepanzerte Schlachtflugzeuge war jedoch nicht immer hinreichend, daher wurde annähernd zeitgleich mit der Entwicklung des *Wirbelwind* auch eine Version mit einer 3,7-cm-Flak 43 entworfen. Ein erster Prototyp war im Juli 1944 fertig, und ab November 1944 erfolgte bei den Deutschen Eisenwerken in Duisburg die Endmontage von insgesamt noch 43 *Ostwind*. Der Drehturm war gegenüber dem *Wirbelwind* flacher und stärker gepanzert. In ihm mussten nur noch drei Mann Platz finden, da ein Ladeschütze entfallen konnte. Ein durch das Kommando Ostbau entwickelter *Ostwind II*-Prototyp mit einem 3,7-cm-Flakzwilling wurde zwar noch im Januar 1945 vorgestellt, ging aber nicht mehr Serie.

Insgesamt wurden nur noch 43 Flakpanzer mit 3,7-cm-Flak 43 gebaut.

Flakpanzer IV mit 3-cm-Flakvierling 103/38

Zerstörer 45

Die Weiterentwicklung des Flakpanzers *Wirbelwind* stattete Ostbau-Sagan mit einem 3-cm-Flakvierling 103/38 aus. Dabei handelte es sich um eine modifizierte MK 103, eine leistungsfähige Maschinenkanone, die eigentlich als Flugzeugbewaffnung gedacht war und deren Granaten im Ziel eine höhere Wirkung hatten als die der 2-cm-Flak. Aufgrund ihrer Herkunft aus dem Luftwaffenbereich erfolgte die Munitionszuführung der Flak 103 nicht mit Magazinen, sondern per Gurt, was die Schussfolge erhöhte.

Im Dezember 1944 wurden zwei Prototypen des *Zerstörer 45* genannten Flakpanzers fertiggestellt. Da die Fertigungsstätten des Kommandos Ostbau-Sagan aufgrund der Kriegslage im Januar 1945 jedoch von Schlesien nach Teplitz-Schönau im Sudentenland verlagert werden mussten, kam es zu keiner Serienfertigung mehr.

Typ:	Flakpanzer
Hersteller:	Ostbau Sagan
Gefechtsgew.:	22 000 kg
Länge:	5920 mm
Breite:	2950 mm
Höhe:	2760 mm
Motor:	Maybach HL 120 TRM, 12-Zylinder-Benzinmotor
Hubraum:	11 870 ccm
Leistung kw/PS:	221/300
Leistungsgew.:	13,6 PS/t
Höchstgeschw.:	38 km/h (Straße) 19 km/h (Gelände)
Kraftstoffvorrat:	470 l
Fahrbereich:	220 km (Straße) 130 km (Gelände)
Besatzung:	6
Bewaffnung:	1 x 3-cm-Flakvierling 103/38, 1 x 7,92-mm-MG 34
Panzerung:	Wanne 10 bis 80 mm, Turm 16 mm
Furttiefe:	0,8 m

Die Gurtzuführung der MK 193 erlaubt eine wesentlich höhere reale Schussfolge als die aus Magazinen gespeisten 2-cm-Flak 38.

Vincent Bourguignon

Flakpanzer IV mit 3-cm-Flakzwilling 103/38

Kugelblitz

Typ:	Flakpanzer
Hersteller:	Deutsche Eisenwerke
Gefechtsgew.:	23 300 kg
Länge:	5920 mm
Breite:	2850 mm
Höhe:	2300 mm
Motor:	Maybach HL 120 TRM, 12-Zylinder-Benzinmotor
Hubraum:	11 870 ccm
Leistung kw/PS:	221/300
Leistungsgew.:	12,9 PS/t
Höchstgeschw.:	38 km/h (Straße) 19 km/h (Gelände)
Kraftstoffvorrat:	470 l
Fahrbereich:	220 km (Straße) 130 km (Gelände)
Besatzung:	5
Bewaffnung:	2 x 3-cm-Flak 103/38, 1 x 7,92-mm-MG 34
Panzerung:	10 - 80 mm
Furttiefe:	0,8 m

Der *Kugelblitz* basierte wiederum auf dem Fahrgestell des Panzer IV, verfügte jedoch über wesentliche Verbesserungen, wie z.B. einen geschlossenen Turm. Die Turmkonstruktion war recht interessant gelöst und verlieh ihm auch den Namen *Kugelblitz*. Ein nach oben geschlossenes, beinahe halbkugelförmiges Panzergehäuse war an Zapfen vertikal drehbar an einem äußeren, kegelstumpfartigen Schutzgehäuse aufgehängt. Dieses äußere Gehäuse war um 360° drehbar, der Richtbereich des inneren Gehäuses betrug -7° bis +80°. Im inneren Gehäuse mussten drei Mann, zwei Flak 103/38 sowie 1200 Schuss Munition Platz finden. In der Serienversion sollte der Flakpanzer über einen optischen Entfernungsmesser verfügen. Die Deutschen Eisenwerke lieferten zwar noch (je nach Quelle) zwei bzw. fünf *Kugelblitz* aus, zu einer ab Anfang 1945 geplanten Serienfertigung kam es jedoch nicht mehr.

Einige wenige dieser Flakpanzer des Typs Kugelblitz *sind kurz vor Kriegsende offenbar noch zum Einsatz gekommen.*

Vincent Bourguignon

Flakpanzer V mit 3,7-cm-Flakzwilling 44

Cölian

Typ:	Flakpanzer
Hersteller:	Rheinmetall-Borsig, Daimler-Benz
Gefechtsgew.:	40 000 kg
Länge:	6870 mm
Breite:	3270 mm
Höhe:	2800 mm
Motor:	Maybach HL 230 P 30, 12-Zylinder-Benzinmotor
Hubraum:	23 880 ccm
Leistung kw/PS:	512/700
Leistungsgew.:	17,5 PS/t
Höchstgeschw.:	46 km/h (Straße) 24 km/h (Gelände)
Kraftstoffvorrat:	720 l
Fahrbereich:	160 km (Straße) 100 km (Gelände)
Besatzung:	4 bis 5
Bewaffnung:	1 x 3,7-cm-Flakzwilling 44
Panzerung:	16 bis 80 mm
Furttiefe:	1,7 m

Ab 1943 entstand eine ganze Reihe von Flakpanzerprojekten auf Basis des Pzkpfw. V *Panther*, eines davon war ein *Cölian* getaufter Entwurf mit einem 3,7-cm-Flakzwilling in einem geschlossenen Drehturm mit Gurtzuführung. Im Herbst 1943 war der Entwurf des Drehturmes mit 70-mm-Front- und 40-mm-Seitenpanzerung bei Rheinmetall-Borsig abgeschlossen, woraufhin die Firma Rieger mit dem Bau eines Holzmodells des Turmes beauftragt wurde. Dieses Modell wurde dann bei Daimler-Benz auf die Wanne eines PzKpfw. V Ausf. D gesetzt und Anfang Dezember 1943 Hitler vorgeführt. Da jedoch Probleme mit der Munitionszuführung, den leeren Granathülsen und der Beseitigung von Pulverdämpfen bestanden, erging letztlich kein Auftrag für den Prototypenbau. Auch Projekte zur Ausrüstung des *Panther* mit einem 2-cm-Flakvielring oder einem 5,5-cm-Flakzwilling wurden nicht verwirklicht.